Python 程序设计任务驱动式教程
（微课版）

主　编　高晓梅

副主编　朱飞燕　何振琦

主　审　孙　霞

课程导学

北京理工大学出版社
BEIJING INSTITUTE OF TECHNOLOGY PRESS

内 容 简 介

本教材以"任务驱动"的方式，全面、系统地介绍了 Python 的基础知识和基本内容，由浅入深，设置 Python 语言入门、Python 语言进阶、Python 深入应用三大学习层次，分为 10 个能力模块，主要内容包括 Python 语言基础、程序流程控制、函数与模块化程序、序列数据、文件操作编程、面向对象程序设计、正则表达式、综合项目实战等。将 10 个能力模块细化为 33 个工作任务和 21 个实例，每个任务按照"任务描述—任务分析—任务实施—任务相关知识链接"的结构进行讲解；再通过实例应用相关知识，有助于读者轻松领会程序开发的精髓，快速提高程序开发能力。每个能力模块学习完之后，设置了模块测试，让读者测试相关知识和技能的掌握程度，最后进行学习效果评价。

本教材适合作为大数据技术、计算机网络技术、人工智能、软件技术等专业的 Python 程序设计基础课程教材，也可作为相关从业人员自学教材和全国计算机等级考试二级 Python 语言程序设计的参考教材。

图书在版编目（ＣＩＰ）数据

Python 程序设计任务驱动式教程：微课版／高晓梅主编. －－ 北京：北京理工大学出版社，2024.5

ISBN 978 - 7 - 5763 - 3481 - 4

Ⅰ．①P… Ⅱ．①高… Ⅲ．①软件工具 - 程序设计 - 高等职业教育 - 教材 Ⅳ．①TP311.561

中国国家版本馆 CIP 数据核字（2024）第 036876 号

责任编辑：王玲玲	**文案编辑**：王玲玲	
责任校对：刘亚男	**责任印制**：施胜娟	

出版发行 /	北京理工大学出版社有限责任公司
社　　址 /	北京市丰台区四合庄路 6 号
邮　　编 /	100070
电　　话 /	（010）68914026（教材售后服务热线）
	（010）68944437（课件资源服务热线）
网　　址 /	http：//www.bitpress.com.cn

版 印 次 /	2024 年 5 月第 1 版第 1 次印刷
印　　刷 /	三河市天利华印刷装订有限公司
开　　本 /	787 mm×1092 mm　1/16
印　　张 /	12.75
字　　数 /	284 千字
定　　价 /	65.00 元

前　言

Python 是一种代表简单主义思想的语言。阅读一个良好的 Python 程序就感觉像是在读英语一样,它使你能够专注于解决问题而不是去弄明白语言本身。Python 极其容易掌握,风格清晰划一、强制缩进,易读、易维护。2021 年 10 月,语言流行指数的编译器 TIOBE 将 Python 加冕为最受欢迎的编程语言,20 年来首次将其置于 Java、C、JavaScript 之上。Python 逐渐成为大、中学生和社会各界人士的学习和开发的热门语言。

本教材设计遵循三个基本思想:第一,以高职技能型人才培养为导向,"以学生能力提升为本位","理论够用为度,技能实用为本"。按照高职高专院校教育基本要求编写,精心设置教学内容,重构知识与技能组织形式,从"工作任务与职业能力"分析出发,确定"知识目标—能力目标—素质目标"。采用"任务驱动"的编写方式,精选与学生的学习、生活和就业密切相关的案例,由浅入深、循序渐进,使学生能够做到学以致用,逐步提高学生编程应用能力。第二,结合"全国计算机等级考试二级 Python 语言程序设计"和"1 + X Python 程序开发职业技能"考试大纲,进行"课证融通"。第三,将人文素质教育和课程思政融入教材内容,每个模块开篇除了"知识目标""能力目标"外,还添加了"素质目标"和"思政融入点"。

本教材根据"Python 程序设计基础能力"和"Python 应用系统开发能力"能力目标,设置三大学习层次 10 个能力模块。项目细化为 33 个工作任务和 21 个实例,涵盖了 Python 语言基础、程序流程控制、函数与模块化程序、序列数据、文件操作编程、面向对象程序设计、正则表达式、综合项目实战等内容。

主要特色与创新:

1. 教材充分体现任务引领、实践导向课程的设计思想。将本专业职业活动分解成若干典型的工作项目,按完成工作项目的需要,结合 Python 语言入门、Python 语言进阶、Python 深入应用等阶段的项目,引入必需的理论知识,增加实践实操内容,强调理论在实践过程中的应用。

2. 教材根据"以就业为导向,以能力为本位"和"项目教学法"的教学思想,从"工作任务与职业能力"分析出发,设定职业能力培养目标,以工作任务为中心组织课程内容,让学生在完成具体项目的过程中来构建相关理论知识，并发展职业能力。

3. 教材在精心打磨课程本身内容的同时，依托于 Python 语言在不同领域的应用案例，适当结合我国政府在解决民生问题和处理突发公共卫生事件等方面的突出作用和重要成果，结合我国科学家在一些领域的重要贡献，在教学过程中融入思想政治教育。在点滴之间影响学生，以行导人、以事服人、以情感人、以文化人，培养当代大学生的责任感、自豪感、荣誉感。

4. 教材结构模块化设计，纵向分为三个阶段，每个阶段中设置多个模块，模块中按"任务—实例—模块综合—模块测试（知识测试、技能测试）—学习效果评价"流程，引导学生逐步递进、全方位学习知识、掌握技能、进行自我评价。既适用于传统教学，又适用于线上、线下混合教学模式教学或自学。

5. 教材案例丰富，并且难度呈阶梯式递增，方便教师围绕案例开展教学，引导学生自主学习探索。基础学习模块有 33 个工作任务和 21 个实例，综合项目实战模块有 3 个项目。每个工作任务、实例和项目对应附有二维码，可以扫描二维码观看视频学习。

6. 教材图文并茂，提高学生的学习兴趣，加深学生对 Python 语言的认识和理解。

教材编写邀请企业从业人员参与，更有实际意义；采用项目化方式编写；加入大量的实例，使学生能更容易理解；配套实验内容，让学生在学习过程中及时训练，做到理实一体；教材案例丰富，方便教师围绕案例开展教学，引导学生自主学习探索。本教材适合用作高职高专计算机类专业课程教材和计算机爱好者自学教材，也可作为全国计算机等级考试二级 Python 语言程序设计考试参考教材。

为了方便教学，本教材配套微课、PPT 课件、源程序文件以及习题参考答案等教学资料。有需要的学习者可以登录北京理工大学出版社教育服务网（http：//edu. bitpress. com. cn／）免费下载。本教材还配套了在线开放课程（https：//coursehome. zhihuishu. com/courseHome/1000090624#teachTeam），学习者可以在智慧树学习在线课程。

本教材由西安航空职业技术学院高晓梅任主编，朱飞燕、何振琦任副主编，西北大学孙霞教授主审。其中，高晓梅编写模块一、模块二、模块三和模块四，朱飞燕编写模块五、模块六和模块七，何振琦编写模块八、模块九、模块十。由于作者水平有限，本书难免存在一些不足之处，恳请各位读者批评指正。

课程概述

目 录

第一部分　Python 语言入门

第二部分 Python 语言进阶

第三部分　Python 深入应用

第一部分　Python 语言入门

模块一

开启Python学习之旅

知识目标

1. 掌握 Python 程序开发语言基本语法知识；
2. 掌握 Python 语言的基本结构；
3. 掌握 Python 语言的开发和执行过程；
4. 掌握 Python 开发应用系统相关技术。

能力目标

1. 能够理解 Python 语言的特点；
2. 具有编辑和运行简单程序的能力；
3. 能够正确使用 Python 开发环境；
4. 能够编写并调试简单的 Python。

素质目标

1. 树立尊重知识产权的意识，从官网下载正版软件；
2. 培养学生在软件项目开发过程中的团队意识、质量意识、工匠精神和创新思维等；
3. 培养学生自我管理能力，具有就业方向、职业生涯规划等意识。

思政点融入

1. 简介《Python 程序开发职业技能等级标准（初级）》《1 + X Python 程序开发（初级）》《全国计算机等级考试二级（Python 语言程序设计)》等证书要求，让学生了解课程对应的认证考试和对应工作岗位，进而激发学生的学习热情和探索精神，提前进行职业生涯规划。

2. 通过讲解良好的编程约定，让学生了解规则，养成严谨的编程习惯。

任务1.1　人生苦短，我用 Python——认识 Python 语言

【任务描述】认识 Python 语言。

【任务分析】要对 Python 语言有初步认识，需要了解 Python 语言及其发展史、Python 语言特点及其应用领域。

【任务实施】通过网络收集 Python 相关资料，了解其基本背景知识和广泛

微课视频

●●●● 3 ●●●●

瞩目的原因。通过访问 python. org（Python 官网）、知乎、百度百科、CSDN、菜鸟教程等网站来查阅资料，了解 Python 语言特点及其应用领域。

【任务相关知识链接】完成该任务需要的知识介绍如下：

Python 作为一门跨平台开源、免费的解释型高级编程语言，得到了业界的广泛关注。它兼具简单与强大两大特点，专注于如何解决问题，而非拘泥于语法和结构。本任务初探 Python，了解 Python 语言及其发展史、Python 语言优势及其应用领域等。

1.1.1　Python 语言及其发展史

1989 年 12 月，荷兰人吉多·范罗苏姆（Guido van Rossum）在 ABC 语言的基础上开发了一种解释型脚本语言，取名为 Python。Python 意为"巨蟒"，灵感来源于吉多·范罗苏姆喜爱的英国电视喜剧《巨蟒剧团之飞翔的马戏团》（Monty Python's Flying Circus）。

Python 是一种面向对象的解释型计算机程序设计语言，它易学、易读、易维护、功能强大，用户无须把太多的精力放在如何实现程序的功能细节上，而是像写文章一样进行编程逻辑的思考。"Life is short, use Python"，翻译成汉语为"人生苦短，我用 Python!"。Python 的 LOGO 与口号如图 1-1 所示。

人生苦短，我用Python

图 1-1　Python 的 LOGO 与口号

Python 已经成为最受欢迎的程序设计语言之一，著名 TIOBE 开发语言排行榜上，2021 年、2020 年、2018 年、2010 年、2007 年五次获得年度语言，创造了程序设计语言排行榜的世界级新纪录。

Python 第一个版本于 1991 年年初公开发行。

Python 2.0 于 2000 年 10 月发布，增加了许多新的语言功能。

Python 3.0 于 2008 年 12 月发布，此版本不完全兼容 Python 2. x。建议初学者从 3. x 版本进行学习。Python 3 默认使用 UTF-8 编码，可以更好地支持中文或其他非英文字符。

1.1.2　Python 语言特点及其应用领域

1. Python 语言优势

1）简单易学

Python 的设计理念是"优雅""明确""简单"，提倡"用一种方法，最好只用一种方法来做一件事"。因此，Python 有极其简单的语法，简单易学。

2）免费开源

Python 是 FLOSS（Free/Libre and Open Source Software，自由/开源软件）之一。FLOSS 是基于一个团体分享知识的概念。简单地说，你可以自由地发布这个软件的复制件，阅读它的源代码，对它做改动，把它的一部分用于新的自由软件中。这就是 Python 如此优秀的原因之一——它是由一群希望看到一个更加优秀的 Python 的人创造并经常改进着的。

3）跨平台和可移植性

由于它的开源本质，Python 已经被移植在许多平台上（经过改动，使它能够工作在不同平台上）。这些平台包括 Linux、Windows、FreeBSD、Macintosh、Solaris、OS/2、Amiga、Android、iOS 等。

4）面向对象

Python 既支持面向过程的编程，也支持面向对象的编程。在"面向过程"的语言中，程序是由过程或仅仅是可重用代码的函数构建起来的。在"面向对象"的语言中，程序是由数据和功能组合而成的对象构建起来的。与其他主要的语言（如 C++ 和 Java）相比，Python 以一种非常强大又简单的方式实现面向对象编程，为大型程序的开发提供了便利。

5）可扩展性

如果需要一段关键代码运行得更快或者希望某些算法不公开，可以把这部分程序用 C 或 C++ 编写，然后在 Python 程序中使用它们。

6）丰富的库

Python 内置了庞大的标准库，它可以帮助用户处理各种工作，包括正则表达式、文档生成、单元测试、线程、数据库、网页浏览器、CGI、FTP、电子邮件、XML、HTML、WAV 文件、密码系统、GUI（图形用户界面）和其他与系统有关的操作。只要安装了 Python，开发人员就可以自由地使用这些库提供的功能。除了标准库以外，还有许多高质量的第三方库，如 Scrapy、Pandas、Matplotlib、NumPy 和 OpenCV 等。这些第三方库需要安装后，才可以使用其提供的功能。

当然，每种语言都有自己的局限性，Python 主要的问题是由于是解释型语言，需要每次编译，因此运行速度比较慢。

2. Python 的应用领域

Python 语言在常规软件开发、Web 开发、数据分析、网络爬虫、自动化运维、人工智能、游戏开发、云计算等领域都有比较广泛的应用。

1）Web 和 Internet 开发

在 Web 开发领域，Python 拥有很多免费数据函数库、免费 Web 网页模板系统，以及与 Web 服务器进行交互的库，可以实现 Web 开发、Web 框架搭建。目前比较有名的 Web 框架有 Django、Flask 等。

2）科学计算和数据分析

随着 NumPy、SciPy、Matplotlib 等库的引入和完善，Python 越来越适合进行科学计算和数据分析。

3）爬虫开发

在爬虫领域，Python 是有比较大的优势的，其将网络一切数据作为资源，通过自动化程序进行有针对性的数据采集及处理。

4）自动化运维

Python 是一门综合性的语言，能满足绝大部分自动化运维需求，前端和后端都可以做。要从事该领域，应从设计层面、框架选择、灵活性、扩展性、故障处理及优化等层面进行学习。

5）人工智能

Python 在人工能智能领域内的机器学习、神经网络、深度学习等方面，都是主流的编程语言。

6）游戏开发

在网络游戏开发中，Python 也有很多应用，相比于 Lua，Python 比 Lua 有更高阶的抽象能力，可以用更少的代码描述游戏业务逻辑。

任务 1.2　搭建舞台让代码"飞扬"——搭建 Python 开发环境

【任务描述】搭建 Python 开发环境。

【任务分析】Python 开发环境的搭建包括两种工具的安装，一种是 Python 解释器，另一种是 IDE（Integrated Development Environment，集成开发环境）工具。

微课视频

本任务以 Windows 操作系统为基础，分别安装 Python 解释器软件和集成开发环境（常用的有 Python 解释器自带的 IDEL、PyCharm 和 Anaconda 等），这里选择 PyCharm 和 Anaconda。

【任务实施】先下载 Python 软件，进行安装、启动运行。再下载 PyCharm 软件，进行安装、启动运行。最后下载 Anaconda 软件，进行安装、启动运行。

【任务相关知识链接】完成该任务需要的知识介绍如下：

Python 解释器是必须安装的基础软件，安装以后可编辑和运行 Python 程序。为了更方便地编辑和运行 Python 程序，建议下载 PyCharm 或 Anaconda 其中一个 IDE 工具软件。

1.2.1　下载并安装 Python

（1）访问 https://www.python.org/，选择"Downloads"→"Windows"，如图 1-2 所示。

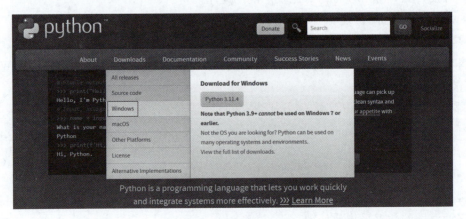

图 1-2　Python 官网首页

（2）选择"Windows"后，页面跳转到 Python 下载页，根据个人需求下载相应的版本。此处以 3.11.4 版本 64 位安装包为例，如图 1-3 所示。

Python Releases for Windows

- Latest Python 3 Release - Python 3.11.4

Stable Releases

- Python 3.10.12 - June 6, 2023

  Note that Python 3.10.12 *cannot* **be used on Windows 7 or earlier.**

  - No files for this release.

- Python 3.11.4 - June 6, 2023

  Note that Python 3.11.4 *cannot* **be used on Windows 7 or earlier.**

  - Download Windows embeddable package (32-bit)
  - Download Windows embeddable package (64-bit)
  - Download Windows embeddable package (ARM64)
  - Download Windows installer (32 -bit)
  - Download Windows installer (64-bit)
  - Download Windows installer (ARM64)

- Python 3.7.17 - June 6, 2023

  Note that Python 3.7.17 *cannot* **be used on Windows XP or earlier.**

图 1 – 3　**Python 下载列表**

（3）选择 64 位安装包进行下载。下载成功后，双击进行安装。在安装界面中勾选 "Add python. exe to PATH" 复选项，选择默认安装（Install Now）方式，如图 1 – 4 所示。

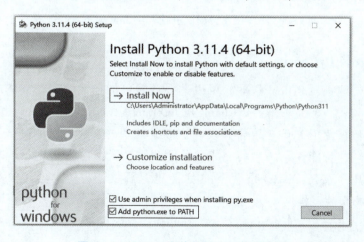

图 1 – 4　**Python 安装向导——首页界面**

注意：安装界面中有默认安装（Install Now）和自定义安装（Customize installation）两种方式，如果选择默认安装，应记住默认的安装位置，在使用 Python 的过程中可能会访问该路径；如果自定义安装，用户可设置 Python 安装路径和其他选项。勾选 "Add python. exe to PATH" 复选项，将 python. exe 添加到系统的环境变量 PATH 中，从而保证在系统命令提示符窗口中，可在任意目录下执行 Python 相关命令（如 Python 解释器 python. exe）。

（4）安装成功后如图 1-5 所示。

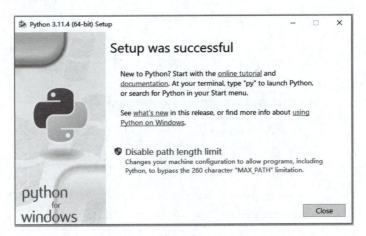

图 1-5　安装成功界面

（5）在 Windows 系统中打开命令提示符，在命令提示符窗口中输入"python"后显示 Python 的版本信息，表明安装成功，如图 1-6 所示。

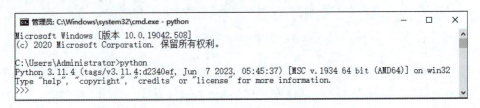

图 1-6　命令提示符窗口中显示 Python 的版本信息

1.2.2　下载并安装 PyCharm

为了更加方便地编写 Python 程序，可以选择功能更加强大的第三方集成开发环境，如 PyCharm、Anaconda、VS Code 等。PyCharm 是 JetBrains 公司开发的一种 Python IDE，带有一整套可以帮助用户在使用 Python 语言开发时提高其效率的工具，比如调试、语法高亮、项目管理、代码跳转、智能提示、自动完成、单元测试、版本控制。此外，该 IDE 提供了一些高级功能，以用于支持 Django 框架下的专业 Web 开发，对初学者比较友好。下面讲述 PyCharm 的下载和安装过程。

（1）下载 PyCharm。访问 https://www.jetbrains.com/pycharm/，单击"Download"按钮，如图 1-7 所示。

在图 1-7 所示的下载界面中，可以看到软件提供了免费社区版（Community）和付费专业版（Professional）。社区版是免费给开发者使用的，专业版比较适合企业、公司等较大规模的商业用户使用，专业版还加入了 Python Web 框架、Python 分析器、远程开发等功能。专业版可以免费试用 30 天，之后要付费。这里以免费社区版为例（初学者安装免费社区版已经足够，专业版安装步骤类似）。

图 1-7　PyCharm 官网下载界面

（2）双击下载的安装程序 pycharm - community - 2023. 1. 2. exe，在图 1-8 所示的安装界面里单击"Next"按钮进行安装。

图 1-8　PyCharm 安装向导——首页界面

（3）在图 1-9 所示界面中可以修改默认的安装位置。

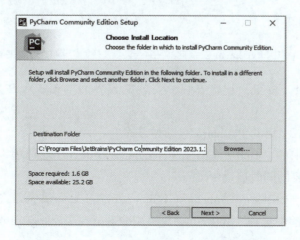

图 1-9　PyCharm 安装向导——路径选择界面

（4）单击"Next"按钮，进入安装配置界面，选择是否创建桌面快捷方式，如图 1 – 10 所示。勾选"PyCharm Community Edition"前面的复选框。

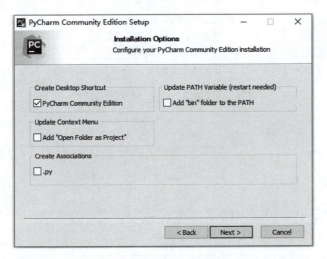

图 1 – 10　PyCharm 安装向导——创建快捷方式界面

（5）单击"Next"按钮，显示选择"开始"菜单文件夹界面，如图 1 – 11 所示。

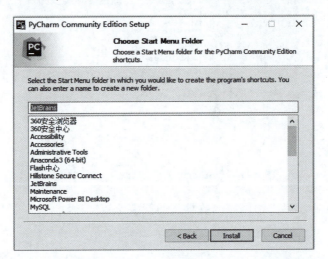

图 1 – 11　PyCharm 安装向导——选择"开始"菜单文件夹界面

（6）单击"Install"按钮，开始安装，安装完成界面如图 1 – 12 所示。单击"Finish"按钮退出。

（7）启动 PyCharm。启动 PyCharm 有三种方式。

①勾选图 1 – 12 中的"Run PyCharm Community Edition"复选项，再单击"Finish"按钮，就可以在完成安装的同时启动 PyCharm。

②双击桌面上的"PyCharm Community Edition 2023. 1. 2"快捷方式，启动 PyCharm。

③在"开始"菜单中选择"JetBrains"→"PyCharm Community Edition 2023. 1. 2"启动 PyCharm。

第一次启动 PyCharm 时，会打开用户协议窗口，如图 1−13 所示。勾选 "I confirm that I have read and accept the terms of this User Agreement" 复选项，同意协议。

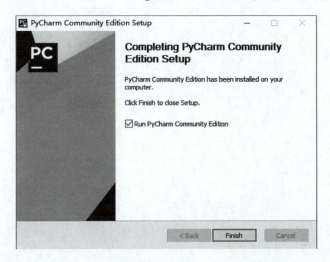

图 1−12　PyCharm 安装向导——安装完成界面

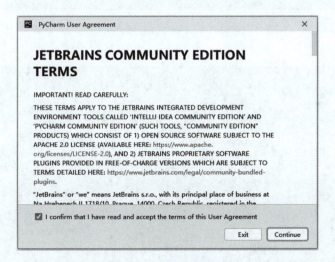

图 1−13　用户协议窗口

单击 "Continue" 按钮，进入 PyCharm 欢迎界面，如图 1−14 所示。单击 "New Project" 按钮进入新建项目界面，可以在第一行的 "Location" 后的文本框中修改默认项目位置，也可以不修改，选择 "New environment using Virtualenv"，如图 1−15 所示。单击 "Create" 按钮，打开 "Project" 窗口。

右击 "Project" 窗口中的 "pythonProject"，在弹出的下一级菜单中选择 "New" → "Python File"，如图 1−16 所示。打开 "New Python file" 窗口，命名为 "my1"（可以自己定义名字，符合自定义标识符命名原则即可），按 Enter 键，进入 PyCharm 集成开发窗口，如图 1−17 所示。在此可以进行 Python 文件的编辑和运行。

图 1 – 14　PyCharm 欢迎界面

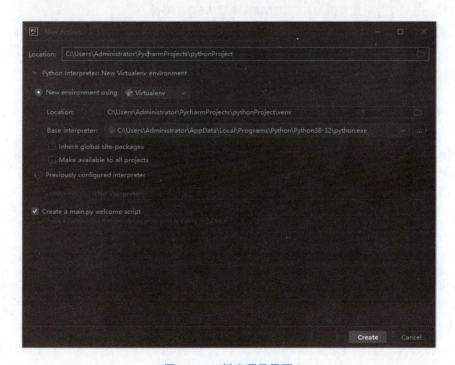

图 1 – 15　新建项目界面

图 1 – 16 "Project" 窗口

图 1 – 17 PyCharm 集成开发窗口

1.2.3 下载并安装 Anaconda

Anaconda 作为一个 Python IDE，它是一个集成了大量常用扩展包的环境，能够避免包配置或兼容等各种问题。下面以 Windows 系统为例，介绍如何从官网下载合适的安装包，并进行安装。

（1）下载 Anaconda。访问 https://www.anaconda.com/download/，进入 Anaconda 官网，如图 1 – 18 所示。

（2）单击最下方的 ▦ 按钮，进入 "Free Download" 窗口，下滑找到 "Anaconda Installers"，选择 "Windows" → "Python 3.10" → "64 – Bit Graphical Installers（786 MB）"（大家可以选择合适的版本），如图 1 – 19 所示。在弹出的 "新建下载任务" 窗口中单击 "下载" 按钮。

图 1 – 18 　 Anaconda 官网

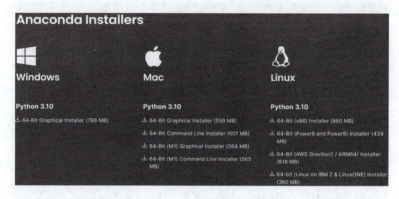

图 1 – 19 　 "Free Download" 窗口

（3）双击下载的"Anaconda3 – 2023. 03 – 1 – Windows – x86 _64. exe"文件，打开 Anaconda安装向导，在图 1 – 20 所示安装界面中单击"Next"按钮进行安装。

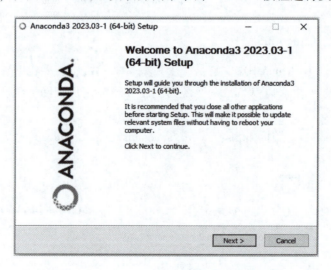

图 1 – 20 　 Anaconda 安装向导——首页界面

（4）在"License Agreement"窗口中单击"I Agree"按钮，随后所有的步骤都按默认选择。单击"Next"按钮进入下一步。在"Choose Install Location"窗口中可以修改 Anaconda3 的安装路径，如图 1-21 所示。然后单击"Next"按钮进入下一步。

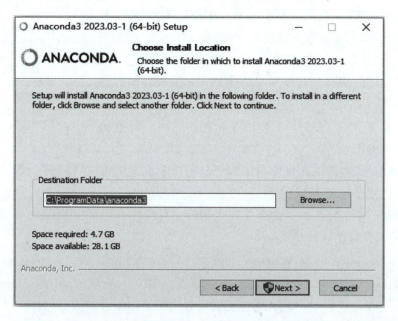

图 1-21　Anaconda 安装向导——"Choose Install Location"窗口

（5）在"Advanced Installation Options"窗口中保持默认勾选前两项，如图 1-22 所示，单击"Install"按钮，直至安装结束。

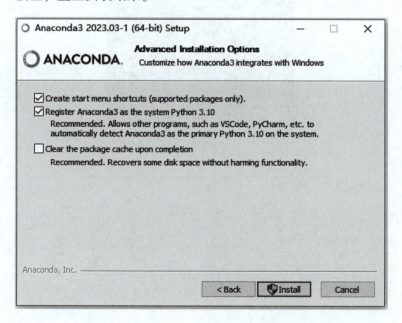

图 1-22　Anaconda 安装向导——"Advanced Installation Options"窗口

任务 1.3　制作自己的名片——Python 程序首秀

【任务描述】名片是新朋友互相认识、自我介绍的最快、最有效的方法。交换名片是商业交往的一个标准官式动作。编写程序，制作一张自己的名片，模拟输出效果，如图 1 – 23 所示。

要完成本程序的编写，需要学习搭建 Python 开发环境，并掌握 Python 编程基础知识。

编写第一个 Python 程序，体验 Python 程序编辑、运行的过程和需要注意的事项。

> 西安航空职业技术学院
> ********************************
>
> 高老师　教师
> 联系方式：1234567890
> 地址：西安市

图 1 – 23　名片模拟输出效果

【任务分析】安装 Python 软件是编辑、运行 Python 程序的必要条件。要使编写、运行更方便，可使用 PyCharm 或 Anaconda 软件。

【任务实施】可使用 Python 命令交互式编辑运行程序，也可以使用 Anaconda 软件实现（本教材选择的是 Anaconda）。

微课视频

（1）启动 Anaconda3。在 Windows 系统中，单击"开始"→"Anaconda3"→"Jupyter Notebook（Anaconda3）"（图 1 – 24），系统在启动"Jupyter Notebook（Anaconda3）"窗口的同时，默认的浏览器会弹出图 1 – 25 所示的页面。

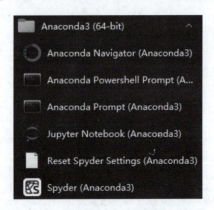

图 1 – 24　Anaconda3 目录下的组件

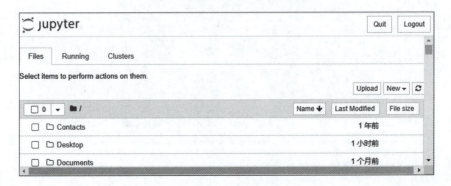

图 1 – 25　Jupyter Notebook 主界面

（2）编写一个 Python 程序并运行。单击 Jupyter Notebook 主界面中的 New ▾ 按钮，在弹出的菜单里选择 "Python 3（ipykemel）" 项，打开 "Python 3（ipykemel）" 窗口。在 In［］后面的编辑框里输入程序内容后，单击 ▶运行 按钮，就可以输出运行结果，如图 1 – 26 所示。运行后，第一行 "In［］" 的中括号里变为 1，如果还要运行其他程序，继续在下行 In［2］中编写程序，并按同样方法运行。

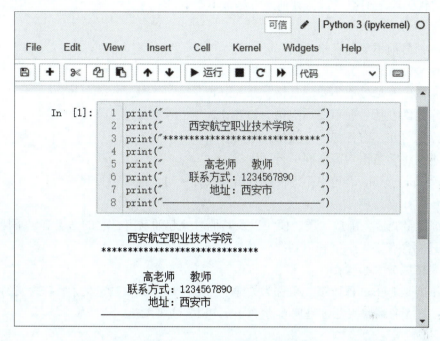

图 1 – 26　"Python 3（ipykemel）" 窗口

【任务相关知识链接】 完成该任务需要的知识介绍如下：

计算机程序（Computer Program）是一组计算机能识别和执行的指令。程序通过输入/输出来实现人机交互功能。规范的编程习惯可以增加程序的可读性。Python 程序的编辑与运行可以在 Python 命令交互式环境下，也可以在 Python IDE（PyCharm 或 Anaconda）下。

1.3.1　程序的设计方法

程序是完成一定功能的计算机指令的集合，用于解决特定的计算问题。按照软件工程的思想，程序设计可以分为分析、设计、实现、测试、维护等阶段。结构化程序设计是一种典型的程序设计方法，是程序设计的基础思想，它把一个程序逐级分解成若干个相互独立的程序，然后对每个程序进行设计和实现。

程序在具体实现上遵循了一定的模式，典型的程序设计模式是 IPO 模式，即程序由输入（Input）、处理（Process）、输出（Output）三部分组成。根据实际情况，可能有的程序没有输入。

1.3.2　良好的编程约定

程序编码风格是一个人编写程序时表现出来的特点、习惯和逻辑思路等。程序不仅能够在计算机上运行，还应便于调试、维护和阅读，因此，良好的编程规范十分重要。

1. 代码布局

（1）缩进。标准 Python 风格中每个缩进级别使用 4 个空格。

（2）行的最大长度。每行最大长度为 79 个字符，换行可以使用反斜杠。

（3）空白行。顶层函数和定义的类之间空两行，类中的方法定义之间空一行；函数内逻辑无关的代码段之间空一行，其他地方尽量不要空行。

2. 空格的使用

（1）右括号前不要加空格。

（2）逗号、冒号、分号前不要加空格。

（3）函数的左括号前不要加空格，如 fun(l)。

（4）序列的左括号前不要加空格，如 list[2]。

（5）操作符左、右各加一个空格，如 a + b = c。

（6）不要将多条语句写在同一行。

（7）if、for、while 语句中，即使执行语句只有一句，也必须另起一行。

3. Python 标识符命名原则

标识符指给变量、函数、类、模块以及其他对象起的名字，它的命名有以下原则：

（1）只能含有字母数字和下划线，并且不能以数字开头；

（2）严格区分大小写；

（3）不能是 Python 保留字（也称为关键字，指在 Python 中被定义了特殊含义的字符串）。

注意：更多的编程规范可查阅参考 Python PEP8 编码规范。

1.3.3　把数据表示出来——变量和常量

变量是计算机内存的存储位置的表示，也叫内存变量，用于在程序中临时保存数据。内存单元的符号为变量名，内存单元中存储的数据是变量的值。变量命名要符合标识符命名原则，大小写敏感。例如变量 sum5、ac、A_6、AC 等都是合法的变量名。可使用" = "（读作赋值）给变量赋值。

和变量对应，计算机语言中还有常量的概念，常量就是在程序运行期间，值不发生改变的量。例如 2、−6.8、"c123"、"女" 等都是常量。

1.3.4　基本的输入/输出

程序要实现人机交互功能，需要能够从键盘接收输入数据，把处理的结果输出到显示设备上。Python 提供了用于实现输入/输出功能的函数 input() 和 print()，下面分别进行介绍。

1. input() 函数

input() 函数用于接收一个标准输入数据，该函数返回一个字符串类型数据。例如：a = input("请输入一个数字!")，()中的是提示内容。如果从键盘上输入数字 2，按 Enter 键，实际是把 2 转换成字符串"2"赋给了 a 变量。

2. print() 函数

print() 函数用于将信息输出到控制台，输出的可以是数字、字符，也可以是列表等。

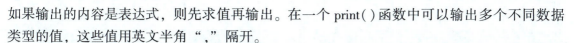

如果输出的内容是表达式，则先求值再输出。在一个 print() 函数中可以输出多个不同数据类型的值，这些值用英文半角"，"隔开。

举例：从键盘上输入一个字符并输出。

代码实现：

```
a = input("请输入一个字符!")
print("该字符为:",a)
```

运行结果：

```
请输入一个字符! h
该字符为:h
```

1.3.5　编写与运行程序

Python 程序可以在 Python 命令交互式环境下，也可以在 Python IDE（PyCharm 或 Anaconda）下编辑与运行。制作自己的名片案例是在 Anaconda 环境下编辑与运行的，这里介绍使用 Python 命令交互式编辑与运行程序。

在 Windows 系统中，单击"开始"→"Python 3.11"，启动 Python 交互式运行环境，逐行输入代码，每输入完一条语句并换行后，Python 解释器就直接交互执行，如图 1 - 27 所示。

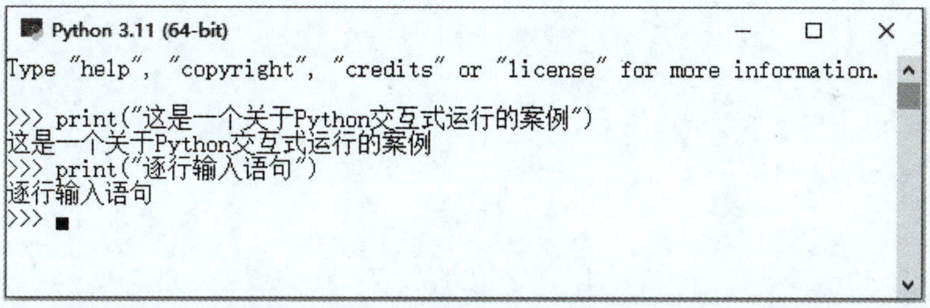

图 1 - 27　Python 交互式运行环境界面

实例 1　报名信息确认

实例目标：掌握在 Anaconda3 软件中编辑和运行程序的方法。

实例内容：模拟在四六级报名网站上进行报名信息确认。按前面介绍方式启动"Jupyter Notebook(Anaconda3)"窗口，在 In[ ] 后的代码编辑区域里输入如下代码，然后单击"运行"按钮运行，在 Out[ ] 后就可以看到运行结果。

微课视频

代码实现：

```
no = input("请输入学号:")
name = input("请输入姓名:")
category = input("请输入考试类别:")
print("学号为:",no)
print("姓名为:",name)
print("考试类别为:",category)
```

运行结果：

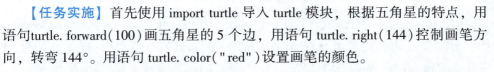

请输入学号:202200310006
请输入姓名:张宇常
请输入考试类别:英语四级
学号为:202200310006
姓名为:张宇常
考试类别为:英语四级

任务 1.4 奔跑吧，小海龟——Python 图形化编程初体验

微课视频

【任务描述】绘制一个边长为 100 的红色五角星。

【任务分析】使用 Python 内嵌的 turtle 模块完成程序设计。

【任务实施】首先使用 import turtle 导入 turtle 模块，根据五角星的特点，用语句turtle. forward(100)画五角星的 5 个边，用语句 turtle. right(144)控制画笔方向，转弯 144°。用语句 turtle. color("red")设置画笔的颜色。

注意：五角星有 5 个角，每个角都是 36°，但要转弯的时候，其实转的是 180°－36°＝144°。

代码实现：

```
import turtle #导入 turtle 库
turtle.showturtle()#显示 turtle 的当前位置和方向
turtle.pensize(2)#设置画笔的粗细
turtle.color("red")#设置画笔的颜色为红色
turtle.forward(100)#让海龟向前前进 100 个像素点
turtle.right(144)#海龟向右旋转 144°
turtle.forward(100)
turtle.right(144)
turtle.forward(100)
turtle.right(144)
turtle.forward(100)
turtle.right(144)
turtle.forward(100)
```

运行结果如图 1-28 所示。

图 1-28 绘制五角星运行结果

【任务相关知识链接】完成该任务需要的知识介绍如下：

以上实例带我们走进了图形化的程序设计。在 Python 中有多种编写图形程序的方法，一个简单地启动图形化程序设计的方法是使用 Python 内嵌的 turtle 模块。它是 Python 语言的标准库之一，也可以说是入门级的图形绘制函数库。接下来首先来了解这个 turtle 库。

turtle 的意思是海龟，对于 turtle 绘制图形，可以理解为有一只海龟起初在运行窗口的正中心，可以通过程序来控制它在画布上游走，走过的轨迹便成了绘制的图形。

当创建一个 turtle 对象时，它的位置被设定在（0，0）处——窗口的中心，并且方向被设置为向右。

操纵海龟绘图有许多命令，这些命令可以划分为 3 种：一种为运动命令，一种为画笔控制命令，还有一种是全局控制命令，见表 1 – 1 ~ 表 1 – 3。

表 1 – 1 　画笔运动命令

命　　令	说　　明
turtle. forward(distance)	向当前画笔方向移动的像素长度
turtle. backward(distance)	向当前画笔相反方向移动的像素长度
turtle. right(degree)	顺时针移动的度数
turtle. left(degree)	逆时针移动的度数
turtle. goto(x,y)	将画笔移动到坐标为(x,y) 的位置
turtle. setx(x)	将画笔的 x 坐标移动到指定位置
turtle. sety(y)	将画笔的 y 坐标移动到指定位置
turtle. setheading(angle)	指定 turtle 的方向，0—东、90—北、180—西、270—南
turtle. penup( )	移动时不绘制图形，提起笔，用于另起一个地方绘制时使用
turtle. pendown( )	将画笔放下，开始绘制图形
turtle. speed(speed)	画笔绘制的速度范围为 [0，10] 的整数，10 最大
turtle. circle (r,extent = None,steps = n)	绘制一个指定半径、范围和阶数的圆，r 必须有，extent、step 可省略
turtle. dot(diameter,color)	绘制一个指定直径和颜色的圆

表 1 – 2 　画笔控制命令

命　　令	说　　明
turtle. pensize(width)	绘制图形时的宽度
turtle. pencolor( )	画笔颜色
turtle. fillcolor(colorstring)	绘制图形的填充颜色
turtle. color(color1，color2)	同时设置 pencolor = color1，fillcolor = color2
turtle. filling( )	返回当前是否在填充状态
turtle. begin_fill( )	准备开始填充图形
turtle. end_fill( )	填充完成
turtle. hideturtle( )	隐藏画笔的形状
turtle. showturtle( )	与 hideturtle( )函数对应,显示画笔的指针形状

表 1 −3　全局控制命令

命　　令	说　　明
turtle. clear( )	清空 turtle 窗口,但是 turtle 的位置和状态不会改变
turtle. reset( )	清空窗口,重置 turtle 状态为起始状态
turtle. undo( )	撤销上一个 turtle 动作
turtle. isvisible( )	返回当前 turtle 是否可见
stamp( )	复制当前图形
turtle. write(s[,font = ("font – name" ,font_size ,"font_type")])	写文本, s 为文本内容;font 是字体参数,里面分别为字体名称、大小和类型;font 为可选项,font 的参数也是可选项

学习这些命令最好的方法就是写代码看看每个命令是如何工作的。

实例 2　小海龟画图（绘制彩色的三角形、正方形、五边形、圆形）

实例目标：掌握如何使用 turtle 方法移动笔,将笔抬高、降低及设置笔尖粗细。学会使用 turtle. goto(x,y)进行定位,使用笔的控制命令设置颜色和字体以及编写文本。

微课视频

实例内容：使用 turtle. circle(r,ext,step) 命令绘制三角形、正方形、五边形,并填充合适的颜色。

代码实现：

```python
import turtle
turtle.pensize (5)
turtle.penup()
turtle.goto( -110,50)
turtle.pendown()
turtle.color("blue")
turtle.write("彩色几何图形",font =( "",25,"bold"))
#绘制三角形
turtle.penup()
turtle.goto( -110, -50)
turtle.pendown()
turtle.begin_fill()
turtle.color("red")
turtle.circle(50,steps =3)
turtle.end_fill()
#绘制正方形
turtle.penup()
turtle.goto(0, -50)
turtle.pendown()
turtle.begin_fill()
turtle.color("blue")
turtle.circle(50,steps =4)
turtle.end_fill()
#绘制五边形
```

```
turtle.penup()
turtle.goto(110,-50)
turtle.pendown()
turtle.begin_fill()
turtle.color("green")
turtle.circle(50,steps =5)
turtle.end_fill()
```

运行结果如图 1 - 29 所示。

彩色几何图形

图 1 - 29　运行结果

如果能熟练掌握这些绘图命令，基本就可以画各种物体了。

模块总结

　　本模块主要介绍了 Python 语言及其发展史、Python 语言特点及其应用领域、搭建 Python 开发环境，并在 Python 开发环境下编辑和运行一个简单的 Python 程序，进行图形化程序设计的初体验。旨在使学生认识 Python 语言，会搭建 Python 开发环境，并掌握在 Python 开发环境中编辑和运行一个程序。在了解下载、安装、使用软件的基础上，掌握基本的编程语句，例如输入和输出语句，熟悉良好的编程约定，养成严谨的编程习惯，为后继的学习打下基础。

模块测试

知识测试

一、单选题

1. 在 Python 中常用于将信息输出到控制台的函数是（　　）。

A. print( )　　　　　　　B. output( )　　　　　　　C. write( )　　　　　　　D. PrtScr( )

2. 下列选项中，不属于 Python 优势的是（　　）。

A. 简单易学　　　　　B. 免费开源　　　　　C. 运行速度快　　　　D. 面向对象

3. 关于标识符，下列说法错误的是（　　）。

A. 标识符可以由数字、字母、下划线组成　　　B. 标识符大小写不敏感

C. 标识符长度不限　　　　　　　　　　　　　D. 不可以使用 Python 的关键字

4. 下面不是 Python 合法的变量名的是（　　　）。

A. int32　　　　　　B. 40XL　　　　　　C. self　　　　　　D. _name_

5. 下列有关 Python 的说法中，错误的是（　　　）。

A. Python 是从 ABC 语言发展起来的

B. Python 是一门高级的计算机程序语言

C. Python 是一门面向过程的语言

D. Python 是一种代表简单主义思想的语言

二、填空题

1. Python 是一种面向_____的语言。

2. Python3 默认使用_____编码，可以更好地支持中文或其他非英文字符。

3. 随着 NumPy、SciPy、Matplotlib 等库的引入和完善，Python 越来越适合进行_____。

4. _____是 Python 自带的集成开发环境。

5. Python 程序中用来标识内存单元的符号称为_____。

三、判断题

1. Python 官网提供了不同平台下的安装版本。

2. Python 具有开源本质，它可以被移植到很多平台上。

3. Python 采用强制缩进的方式使得代码具有极佳的可读性。

4. PyCharm 具备一般 IDE 的功能，可以调试、管理、测试 Python 程序。

5. Python 代码在运行过程中会被编译成二进制代码。

四、综合题

1. 请简述 Python 的应用领域。（至少 3 个）

2. 如何导入 turtle 模块？

技能测试

基础任务

1. 搭建 Python 开发环境。包括下载和安装 Python3 软件、下载和安装 Anaconda3 软件。

2. 编写程序输出本书的基本信息（包括书名、ISBN 号）。练习分别在 Python 交互方式下和 Anaconda 集成开发环境下进行编写和运行程序的整个流程。

拓展任务

1. 下载和安装 PyCharm 软件，把基础任务 2 中的程序在 PyCharm 集成开发环境中编辑运行。

2. 用 turtle 绘制奥林匹克五环，如图 1－30 所示。

图 1－30　奥林匹克五环

学习效果评价

序号	评价内容	个人自评	同学互评	教师评价
1	能够下载并安装 Python、PyCharm 和 Anaconda			
2	能够编写简单的有输入输出功能的程序			
3	能够在 Python 交互式运行环境下编写和运行程序			
4	能够在 Anaconda 集成开发环境下编写和运行程序			
5	有良好的编程约定，遵守标识符命名原则			
6	举一反三：能利用所学的知识解决实际问题			
评价标准				
A：能够独立完成技能测试，熟练掌握，灵活运用，有创新				
B：能够独立完成				
C：不能够独立完成，需在提示、帮助或指导下完成				
项目综合评价：>5 个 A，认定为优秀；4~5 个 A，认定为良好；<4 个 A，认定为及格				

模块二

Python编程基础

知识目标

1. 理解编写 Python 程序的步骤；
2. 理解变量的含义；
3. 掌握程序编辑和运行的流程；
4. 理解数据类型的表示；
5. 掌握运算符的使用；
6. 掌握字符串的各种操作。

能力目标

1. 具有编辑和运行简单程序的能力；
2. 具有正确使用 Python 基本语法的能力；
3. 具有正确使用运算符和表达式的能力；
4. 具有运用字符串编写程序解决问题的能力。

素质目标

1. 具备严谨规范、精益求精、吃苦耐劳的优良品质；
2. 养成良好的编程习惯，具有规范、严谨的工作作风。

思政点融入

1. 程序书写规范——通过关于"缩进对齐"等格式规范，让学生理解"不以规矩不成方圆"，引导学生遵守社会行为准则。

2. 注释——通过讲解良好的编程习惯，添加注释，使程序便于理解和进行后期的维护，让学生理解于细节处看成败。

任务2.1　求直角三角形面积——Python 基本语法

【任务描述】编写一个程序，根据底边长和高的值，求直角三角形的面积。

【任务分析】直角三角形面积具体计算公式为：面积（单位 m²）＝ 底（m）× 高（m）/2。

【任务实施】用 input( ) 函数分别接收两条直角边长值，然后代入面积公式

微课视频

26

计算。

代码实现：

```
#分别从键盘上输入两条直角边长值
a = float(input("输入三角形第一条直角边长:"))
h = float(input("输入三角形第二条直角边长:"))
area = a * h/2                                    #求直角三角形面积
print("直角三角形的面积为:" + str(area))          #输出面积值
```

运行结果：

```
输入三角形第一条直角边长:3
输入三角形第二条直角边长:6
直角三角形的面积为:9.0
```

【任务相关知识链接】完成该任务需要的知识介绍如下：

在上述求直角三角形面积的程序中，需要从键盘上分别输入两条直角边的长度值（从键盘接收到的值，默认是字符型的值），然后进行数据类型的转换，转换成数值类型（实数）后，用公式进行面积的计算。计算的面积值也是实数类型，用 print 语句将运算的结果输出来时，输出的内容有两项：一项是字符串"直角三角形的面积为:"，另一项是 area 存储的这个实数。因此，需要把 area 先进行用 str( ) 函数进行类型转换，转换成字符型，然后进行两个字符串的"连接"运算，得到一个新的字符串再输出。其中涉及 Python 的数据类型、数据类型的相互转换、运算符和表达式、字符串操作等内容，下面进行学习。

2.1.1　程序的格式框架

1. 缩进

Python 程序的格式框架，即段落格式，采用严格的"缩进"格式来表示程序逻辑，如图 2-1 所示。这种设计有助于提高代码的可读性和可维护性。

缩进指每行语句开始前面的空白区域，用来表示语句间的层次关系。一般用 4 个空格表示，也可以用制表符表示。一般语句是左对齐书写的，当表示分支、循环、函数、类等含义时，在 if、while、for、def、class 等关键字所在的语句后用英文半角":"结尾，表示下一行要缩进。图 2-1 中，if 和 else 的内层的两个 print 语句要各缩进 4 个字符。

```
#从键盘上输入一个正整数存入变量n
n = int(input("请输入一个正整数n:"))
if n%2==0:    #判断n是否为偶数
    print (n,"是偶数"'')
else:
    print (n,"是奇数")
```

图 2-1　Python 程序的格式框架

2. 注释

注释是代码中的辅助性文字，起解释说明的作用，供读程序的人员来看，提高代码的可读性。在执行程序时，会被编译器略去，不被执行。如图 2-1 中以"#"开头的语句都是注释。Python 中的注释根据内容长短，分为单行注释和多行注释。单行注释以"#"开头，根据内容长度，可加在一条其他语句的后半行，也可以单独作为一行。

多行注释可以每行都以"#"开头来写，写可以用前后各3个单引号括起来，或者用前后各3个双引号括起来，达到整段内容注释的效果。

举例：写多行注释。

代码实现：

```
"""
这个是一个多行注释的举例！
版权所有:本公司
请尽量详细的添加注释,以增加程序的可读行。
"""
```

3. 续行符

Python 程序是逐行编写的，每行代码长度并没有限制。但单行代码太长会不利于阅读，在 Python 中可以使用续行符"\（反斜杠）"将单行代码分割成多行代码。列表、元组、字典中的元素之间不使用续行符也可以直接换行。

举例：续行符使用。

代码实现：

```
print("人生苦短,\
我用 Python。")
```

运行结果：

```
人生苦短,我用 Python。
```

可见，Python 在运行这两行语句时，会把它们连接在一起当作一条完整的语句来执行。

4. 空行

要将程序的不同部分分开，可使用空行。空行与代码缩进不同，它并不是 Python 语法的一部分。即使书写时不插入空行，也不会出现语法错误。但是空行的作用在于分隔两段不同功能或含义的代码，便于日后代码的维护或重构。因此，空行也是程序代码的重要部分。

通常，函数之间或类中的方法之间用空行分隔，表示一段新的代码的开始。类和函数入口之间也用一行空行分隔，以突出函数入口的开始。

5. 语法元素的命名

与自然语言相似，Python 语言的基本单位是"单词"，Python 语言定义好的带有特定含义的单词，称为"保留字"，也称为"关键字"。保留字一般构成程序的框架、表达关键值和具有结构性的复杂语义。如图 2-1 中的 if、else 等。另一些"单词"用于命名变量、函数、类名、模块名等对象，被称为"标识符"。标识符可以包含字母、数字和下划线（_），但必须以非数字字符开头，标识符中间不能出现空格，长度没有限制。例如 A123、a123、gxm、Python_3、input、int 等都是合法命名的标识符。

需要注意的是，标识符大小写敏感，A123 和 a123 是两个不同的标识符；标识符不能与 Python 保留字重名。

2.1.2　数据类型的表示

计算机对数据进行存储和运算时，需要明确数据的类型和含义。例如，学生姓名用字符型、年龄用整型、体重用浮点型、应发工资用浮点型等。Python 语言的基本数据类型包括数字类型、布尔类型、字符串类型，较复杂的类型有列表、元组、字典、集合等类型，本节介绍基本数据类型，较复杂的类型在后续章节介绍。用 type( ) 函数可以获取某个值的数据类型。

1. 数字类型

Python 语言提供了 3 种数字类型：整数类型、浮点数类型和复数类型，分别对应数学中的整数、实数和复数。

1）整数类型（int）

整数类型有 4 种进制表示，分别是十进制、二进制、八进制和十六进制。默认情况下，整数采用的是十进制。若要表示其他进制，需要加上相应的进制符号，二进制以 0B 或 0b 开头，十六进制 0X 或 0x 开头，八进制以 0O 或 0o 开头，例如：0B11001 是二进制数，0XB6 为十六进制数，0o16 为八进制数。

整数类型名为 int，有正整数和负整数，分别用正、负号表示，这和数学中一致。

2）浮点类型（float）

浮点类型用来存储实数，例如 36.5、−8.0 等，如果是非常大或者非常小的实数，可以用科学计数法，用 e 代替 10，例如：3.65e5。

3）复数类型（complex）

复数可以看作二元有序实数对（a，b），表示 a + bj（j 大小写都可以），其中，a 是实数部分，简称实部，b 是虚数部分，简称虚部。如果有一个复数变量 c = 2 + 3j，可分别从 c. real 和 c. imag 来提取它的实部数据和虚部数据。

举例：求下列数据的数据类型和复数的实部、虚部。

代码实现：

```
A = −8
b = 0B11001
c = 3.65e5
d = 2 +3j
print("A,b,c,d 的数据类型分别为:",type(A),type(b),type(c),type(d))
print("d 的实部、虚部分别为:",d.real,d.imag)
```

运行结果：

```
A,b,c,d 的数据类型分别为:<class'int'> <class'int'> <class'float'> <class'complex'>d 的实部、虚部分别为:2.0  3.0
```

2. 布尔类型（bool）

布尔类型，也叫逻辑类型，用于描述逻辑判断的结果。这一类数据只有两个值：True 和 False，分别代表逻辑真和逻辑假。

举例：判断逻辑真和逻辑假。

代码实现：

```
x = 3
y = 4
print("3 > 4 的结果为:",x > y)
print("3 = 4 的结果为:",x = = y)
print("3 < 4 的结果为:",x < y)
```

运行结果：

```
3 > 4 的结果为:False
3 = 4 的结果为:False
3 < 4 的结果为:True
```

3. 字符串类型

计算机处理的文本信息在程序中使用字符串类型来表示。字符串是字符的序列，在Python语言中采用一对单引号或者一对双引号括起来。例如，"name""李明""123"等。

举例：输入、输出密码。

代码实现：

```
a = input("请输入你的密码:")        #从键盘上输入一个字符串
print("密码为:",a)                  #输出字符串
```

运行结果：

```
请输入你的密码:m123456
密码为:m123456
```

以上代码中，双引号也可以用单引号来实现，运行结果相同。

代码实现：

```
a = input('请输入你的密码:')        #从键盘上输入一个字符串
print('密码为:',a)                  #输出字符串
```

2.1.3 类型转换函数

Python 中用 None 表示一个空对象或者一个特殊的空值。可以将 None 赋给任意变量。用 type 输出的类型为 < class 'NoneType' >。

不同的数据类型可以进行相互转换，常用的类型转换函数见表2-1。

表2-1 常用的类型转换函数

函　　数	作　　用
int(x)	将 x 转换成整数类型
float(x)	将 x 转换成浮点数类型

续表

函 数	作 用
complex(real[,imag])	创建一个复数
str(x)	将 x 转换成字符型
reper(x)	将 x 转换成表达式字符串
eval(str)	执行一个字符串表达式，并返回表达式的值
chr(x)	将一个整数转换为对应的 ASCII 码字符
ord(x)	将一个 ASCII 码字符转换为对应的整数
tuple(s)	将序列 s 转换为元组
list(s)	将序列 s 转换为列表
set(s)	将序列 s 转换为可变集合

其中，后三个是与元组、列表、集合等类型相关的转换，在后续章节详细讲解。

注意：不是所有的数据类型之间都可以相互转换，某些数据无法进行数据类型的转换，强制转换时会报错。

实例 3　超市收银抹零程序

实例目标：掌握类型转换函数。

实例内容：编写程序，模拟超市抹零系统。用 input() 函数模仿扫描商品的二维码功能，一次录入两个商品的金额（浮点型数据）。input() 函数接收到的数据默认是字符型的，用 float() 函数先对其转换成 float 类型，然后对这些金额值进行相加，得到一个由浮点数表示的总金额。用取整函数 int() 把总金额的小数部分去掉。

代码实现：

```
c1 = float(input("请输入第一个商品价格(单位:元):"))    #输入第一个价格
c2 = float(input("请输入第二个商品价格(单位:元):"))    #输入第二个价格
sum = c1 + c2
print("购买商品抹零后总金额为:",int(sum))              #输出抹零后总金额
```

运行结果：

```
请输入第一个商品价格(单位:元):5.68
请输入第二个商品价格(单位:元):89.5
购买商品抹零后总金额为:95
```

任务 2.2　编写简单计算器程序——运算符

微课视频

【任务描述】简单计算器实现。编写一个程序，模拟简单计算器，可实现对任意两个非零整数进行加、减、乘、除四种运算。

【任务分析】从键盘上输入需要计算的两个非零整数，先进行类型的转换，

然后分别进行加、减、乘、除运算。

【任务实现】编程中使用算术运算符，注意其与数学中写法的异同。

代码实现：

```
a = int(input("请输入第一个非 0 整数:"))    #输入第一个数
b = int(input("请输入第二个非 0 整数:"))    #输入第二个数
print("两个数的和为:",a + b)              #输出和
print("两个数的差为:",a - b)              #输出差
print("两个数的积为:",a * b)              #输出积
print("两个数的商为:",a / b)              #输出商
```

运行结果：

```
请输入第一个非 0 整数:9
请输入第二个非 0 整数:1
两个数的和为:10
两个数的差为:8
两个数的积为:9
两个数的商为:9.0
```

【任务相关知识链接】完成该任务需要的知识介绍如下：

运算符是一种特殊的符号，主要用于对数据进行数值计算、大小比较和逻辑运算等。Python 中的运算符主要包括算术运算符、赋值运算符、关系运算符、逻辑运算符、成员运算符、位运算符和身份运算符。

由运算符和运算数字连接而成的式子叫作表达式，例如，3 + 4 是算术表达式，"A" > "B" 是关系表达式等。下面将一一介绍这些运算符的具体种类和使用方法。

2.2.1 算术运算符

算术运算符帮助完成各种各样的算术运算，如加、减、乘、除等。Python 中的算术运算符种类见表 2 - 2，其功能与数学中的一致。

表 2 - 2 算术运算符

运算符	名称	说明	举例	运算结果
+	加	两个数相加	10 + 5	15
-	减	得到负数或是一个数减去另一个数	10 - 5	5
*	乘	两个数相乘或是返回一个被重复若干次的字符串	10 * 5	50
/	除	x 除以 y	10/5	2.0
%	取余	返回除法的余数，如果除数（第 2 个操作数）是负数，那么结果也是一个负值	5%3	2
			5%(- 3)	- 1
**	幂	返回 x 的 y 次幂	5 ** 3	125
//	取整除	返回商的整数部分	5//3	1
			5// - 3	- 2

注意：使用%取余或//取整除时，如果除数是负数，那么取得的结果也是一个负值；使用/、%或//时，除数不能为0，否则将出现异常。

2.2.2　赋值运算符

赋值运算符主要用来为变量等赋值，除了"＝"以外，还有其他复合赋值运算符。Python中的赋值运算符见表2-3。

表2-3　赋值运算符

运算符	名称	举例	等效形式	变量 x 的值
＝	赋值运算符	x = 10	将 10 赋值给 x	10
+ ＝	加法赋值运算符	x + = 10	x = x + 10	20
− ＝	减法赋值运算符	x − = 10	x = x − 10	10
* ＝	乘法赋值运算符	x * = 10	x = x * 10	100
/ ＝	除法赋值运算符	x/ = 10	x = x/10	10.0
% ＝	取余赋值运算符	x% = 8	x = x%8	2.0
** ＝	幂赋值运算符	x ** = 10	x = x ** 10	1 024.0
// ＝	取整除赋值运算符	x// = 10	x = x//10	102.0

2.2.3　关系运算符

关系运算符也叫比较运算符，用于对变量或表达式的结果进行大小或逻辑真假的比较等，比较的结果只有两种：成立返回 True，不成立返回 False。

假如 x = 10，y = 5，那么 Python 中的关系运算符见表2-4。

表2-4　关系运算符

运算符	名称	说明	实例	运行结果
==	等于	比较 x 和 y 两个对象是否相等	x == y	False
! =	不等于	比较 x 和 y 两个对象是否不相等	x! = y	True
>	大于	比较 x 是否大于 y	x > y	True
<	小于	比较 x 是否小于 y	x < y	False
>=	大于或等于	比较 x 是否大于或等于 y	x > = y	True
<=	小于或等于	比较 x 是否小于或等于 y	x < = y	False

注意：只有相同类型的数据才能进行关系运算符，例如，两个数字类型数据进行比较，两个字符型数据进行比较，两个布尔类型数据进行比较等。

2.2.4　逻辑运算符

逻辑运算符也叫布尔运算符，用于对布尔型数据进行运算，运算的结果仍是一个逻辑值，即 True 或 False。

Python 中的逻辑运算符见表 2-5。

表 2-5　逻辑运算符

运算符	名称	逻辑表达式	说明	实例	运算结果
and	逻辑与	x and y	如果 x 为 False 或 0，返回 x，否则，返回 y 的计算值	False and True	False
				0 and True	0
				True and 56	56
or	逻辑或	x or y	如果 x 为 False 或 0，则返回 y 的计算值，否则，返回 x	False or True	True
				0 or True	True
				56 or False	56
not	逻辑非	not x	如果 x 为 False 或 0，则返回 True，否则，返回 False 或 0	not False	True
				not 0	True
				not True	False
				not 1	False

注意：一般来说，逻辑运算符两边的操作数是关系表达式，但是由于布尔值 True 和 False 分别映射到整数对象类型的 1 和 0，可以理解整数的非 0 值是 True，整数 0 为 False。所以，逻辑运算符两边的操作数还可以是整数、字符串等。

2.2.5　成员运算符

Python 中的成员运算符见表 2-6。

表 2-6　成员运算符

运算符	说明
in	如果在指定的序列中找到值，返回 True，否则，返回 False
not in	如果在指定的序列中没有找到值，返回 True，否则，返回 False

举例：成员运算符应用。
代码实现：

```
a = 3
list = [1,2,3,4,5]
print(a in list)
print(a not in list)
```

运行结果：

```
True
False
```

2.2.6　表达式和运算符的优先级

由运算符和运算数字连接而成的式子叫作表达式。表达式类似于数学中的计算公式。由算术运算符和数字类型数据连接而成的就称为算术表达式，由逻辑运算符和运算数值连接而成的称为逻辑表达式，依此类推。

有的表达式含有一个运算符，有的表达式含有多个运算符。多个运算符的运算次序按照 Python 的运算符的优先级规定。在运算中，优先级高的运算符先运行，优先级低的运算符后运行，同一级别的运算符按照从左到右的次序运行。所有运算符从高到低的优先级次序见表 2 – 7，同一行的运算符具有相同优先级。可以使用圆括号 "（ ）" 来改变优先级，括号内的运算符最先运行。

表 2 – 7　运算符的优先级

序号	运算符	说明
1	**	幂（最高优先级）
2	~ 、+ 、-	位取反、正号和负号
3	* 、/ 、% 、//	算术运算符：乘、除、取余和取整除
4	+ 、-	算术运算符：加、减
5	> > 、< <	位运算符：右移位、左移位
6	&	位运算符：位与
7	| 、^	位运算符：位或、位异或
8	< 、> 、<= 、>= 、== 、! =	比较运算符
9	= 、+= 、-= 、* = 、** = 、/ = 、// = 、% =	赋值运算符
10	is、is not	身份运算符
11	in、not in	成员运算符
12	not	逻辑非
13	and	逻辑与
14	or	逻辑或

注意：位运算符和身份运算符在后续章节案例应用时讲解。

实例 4　海伦公式求三角形面积

实例目标：掌握运算符和表达式的应用。

实例内容：假如在平面内，有一个三角形，边长分别为 a、b、c，用海伦公式求三角形的面积。半周长 $q = (a + b + c)/2$，则面积 $s = \sqrt{q(q-a)(q-b)(q-c)}$。（假如判断三条边能否构成三角形的条件只有：任意两边之和大于第三边。）

微课视频

代码实现：

```
#计算三角形的面积
#输入三个边长的值
a = float(input("输入三角形第一边长:"))
b = float(input("输入三角形第二边长:"))
c = float(input("输入三角形第三边长:"))
if a+b <= c or b+c <= a or a+c <= b:    #判断是否构成三角形
    print("输入的边不构成三角形,请重新输入")
else:
    p = (a+b+c)/2                       #计算半周长
    s = (p*(p-a)*(p-b)*(p-c))**0.5      #计算三角形的面积
    print("三角形的面积为:",s)
```

运行结果：

```
输入三角形第一边长:3
输入三角形第二边长:4
输入三角形第三边长:5
三角形的面积为:6.0
```

该实例中，a+b<=c or b+c<=a or a+c<=b 这个混合表达式中，算术运算符的优先级最高，其次是关系运算符，最后是逻辑或。

任务2.3　句子大反转游戏——字符串

【任务描述】编写一个程序，实现英文句子大反转游戏，即把句子中的字符全部逆序。

【任务分析】英文句子是一个字符串，包含有英文字母和标点符号。从原字符串末尾取一个字符作为新字符串的第一个字符，再取倒数第二个字符作为新字符串的第二个字符，依次进行，就可以实现句子中的字符全部逆序。

微课视频

【任务实施】用a[::-1]来实现反向的切片，从原字符串末尾每次取一个字符，存入一个列表b中，然后输出列表b。

代码实现：

```
a = 'I love China,I love my family'    #原字符串
b = a[::-1]                            #将原字符串反向切片
print('反转后的句子为:',b)            #输出
```

运行结果：

```
反转后的句子为:ylimaf ym evol I,anihC evol I
```

【任务相关知识链接】完成该任务需要的知识介绍如下：

2.3.1　字符串的概念

字符串是一种用来表示文本的数据类型，它是由符号或者数值组成的一个连续序列，Python 中的字符串是不可变的，字符串一旦创建，便不可修改。根据字符串内容的多少，分为单行字符串和多行字符串。

单行字符串可以用一对单引号（'）或者一对双引号（" "）括起来表示。多行字符串用一对三个单引号（''' '''）或者一对三个双引号（""" """）括起来表示。例如，字符串'China'、"三角形的面积为:"等。

2.3.2　字符串操作

1. 字符串运算

字符串的运算符有拼接和倍增，见表 2 – 8。除此之外，比较运算符、成员运算符也可以用于字符串的运算。拼接和倍增运算符也适用于模块五中的列表和元组类型的数据。

表 2 – 8　字符串专有的运算符

运算符	名称	说明	实例	运行结果
+	拼接	把两个字符串首尾相连形成一个新字符串	"he" + "llo"	"hello"
**	倍增	比较 x 和 y 两个对象是否不相等	Hello ** 2	"HelloHello"

2. 字符串中的索引与切片

在 Python 中，字符串中的每个字符在其序列中是有位置的，以字符串'China'为例，索引值示意图如图 2 – 2 所示，索引左边是从 0 开始，索引右边是从 – 1 开始。可以使用方括号和索引的方式访问字符串中的单个字符，也可以使用切片的方式来截取字符串。

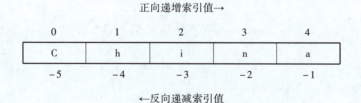

图 2 – 2　字符索引示意图

具体语法如下：

```
字符串名[索引]                    #访问字符串中的单个字符
字符串名[起始索引:结束索引:步长]     #字符串切片(截取)
```

切片（截取）出的字符串不包含结束索引位置的字符，步长为正数表示从左往右截取，默认为 1，为负数表示从右往左截取。

举例：分别输出字符串"China"中的第 2 个字符"h"和包含最后三个字符的子串。

代码实现：

```
s = "China"
print(s[1])
print(s[2:5:1])
```

运行结果：

```
h
ina
```

注意：print(s[2:5:1])也可以改写为 print(s[2:5:])或 print(s[2::])，但是不可以改写成 print(s[-1:-4:-1])或 print(s[-4:-1])，因为步长为负数表示从右往左截取，截取的结果是"ani"。如果要截取所有字符，可写为 print(s[:])或 print(s[::])形式。

字符串里存在一些如换行符、制表符等有特殊含义的字符，这些字符被称为转义字符，例如，\n 表示换行符，\t 表示制表符，Python 还允许使用 r"字符串"或者 R"字符串"的方式表示原义字符串，引号内部的字符默认不转义，保持原样输出。常用的转义字符见表 2-9。

表 2-9　常用的转义字符

转义字符	说明	转义字符	说明
\'	单引号	\n	换行
\"	双引号	\t	横向制表符
\\	反斜杠	\v	纵向制表符
\b	退格	\r	回车

举例：分两行输出字符串"I'm student.""I love Xi'an!"。

代码实现：

```
s = "I'm student.\nI love Xi'an!"
print(s)
```

运行结果：

```
I'm student.
I love xi'an!
```

2.3.3　字符串常用的内置函数和基本方法

1. 内置函数

Python 语言中和字符串相关的常用内置函数，除了表 2-1 中的 str(x)、chr(x)、ord(x)、hex(x)、oct(x)之外，还有表 2-10 中的三个。

表 2 - 10　字符串常用的内置函数

函数	功能
len(x)	返回字符串 x 的长度，也可以返回其他组合数据类型的元素个数
max(x)	返回字符串中最大的字母，也可以返回其他组合数据类型的元素个数中的最大值
min(x)	返回字符串中最小的字母，也可以返回其他组合数据类型的元素个数中的最小值

举例：求字母"A"的 ASCII 码，然后将 ASCII 码值转换为十六进制小写形式，再将十六进制小写形式转换为字符串型，求转换后字符串的长度。

代码实现：

```
s = "A"
a = ord(s)
h = hex(a)
l = len(h)
print("A 的 ASCII 码为:",a)
print("A 的 ASCII 码转换为十六进制小写后为:",h)
print("转换后字符串的长度为:",l)
```

运行结果：

```
A 的 ASII 码为:65
A 的 ASII 码转换为十六进制小写后为:0x41
转换后字符串的长度为:4
```

2. 字符串处理方法

"方法"是程序设计中一个专有名词，属于面向对象程序设计领域，是为了完成某些特定功能而定义的一个语句集合。方法也是一个函数，只是调用的方式不同（函数和方法的详细内容在模块四和模块八中学习）。表 2 - 11 列出了常用的字符串处理方法，其中，str 代表一个字符串或字符串变量。

表 2 - 11　字符串处理方法

方法	说明	功能备注
str. islower( )	判断字符串是否全部由小写字母组成	判断类型函数
str. isupper( )	判断字符串是否全部由大写字母组成	
str. isalpha( )	判断字符串是否全部由字母组成	
str. isdigit( )	判断字符串是否全部由数字组成	
str. lower( )	把字符串全部转成小写	大小写转换
str. upper( )	把字符串全部转成大写	

续表

方法	说明	功能备注
str. strip( )	去除字符串左右两边的空白字符	去空白字符
str. lstrip( )	去除字符串最左边的空白字符	
str. rstrip( )	去除字符串最右边的空白字符	
str. replace(old,new)	把字符串中的 old 用 new 代替，代替后的字符串要重新赋值给另外一个变量	查找与替换
str. startswith（'子字符串'）	判断字符串是不是以括号内的内容开头	
str. endswith('子字符串')	判断字符串是不是以括号内的内容结尾	
str. find('子字符串')	判断字符串中是否包含子字符串，如果包含，返回子字符串所在的索引位置，如果不包含，返回 –1	
str. index('子字符串')	判断字符串中是否包含子字符串，如果包含，返回子字符串所在的索引位置，如果不包含，那么报错	
str. split('分隔符')	将引号中的内容作为分隔符切割原始字符串，也可以空格为分隔符，返回的是列表（返回的列表中不包含分隔符）	拆分与连接
'拼接符'. join(seq)	将序列 seq 中的元素用拼接符拼接成字符串，返回的是拼接后的字符串	

实例 5　敏感词替换程序

实例目标：掌握字符串处理方法的应用。

实例内容：对字符串中的敏感词进行替换。要求：根据需要定义一个网络销售敏感词库，如 words = （'万能', '特效'），然后输入一个字符串，如果该字符串中有 words 中的敏感词汇，把字符串中的每个敏感词中的字替换成'＊'，最后把替换完的字符串输出。

微课视频

Python 中字符串的 replace( )方法可以用于敏感词的替换。

代码实现：

```
text = "这个产品是万能的,有特效。"
words1 = "万能"
words2 = "特效"
text = text.replace(words1,"*" * len(words1))
text = text.replace(words2,"*" * len(words2))
print(text)
```

运行结果：

```
这个产品是**的,有**。
```

注意：以上功能也可以用 find( ) 和 replace( ) 方法配合来进行，其中，find( ) 方法用于查找子字符串在字符串中的位置，replace( ) 方法用于替换字符串中的子字符串。

代码实现：

```
text = "这个产品是万能的,有特效。"
words1 = "万能"
words2 = "特效"
p1 = text.find(words1)
p2 = text.find(words2)
text = text.replace(text[p1:p1 + 2:]," * " * len(words1))
text = text.replace(text[p2:p2 + 2:]," * " * len(words2))
print(text)
```

在学习模块三中的分支结构和循环结构语句后，该实例的代码可以用分支结构和循环结构语句编写得更简洁一些。另外，学习了模块九中正则表达式后，也可以用相关内容来实现。除了手动编写代码实现敏感词过滤外，Python 还有许多现成的敏感词过滤包，可以帮助我们更快速地处理敏感词问题，感兴趣的同学自行拓展。

2.3.4　字符串格式化输出

Python 语言中支持两种常用的字符串格式化输出：一种是通过占位符%，另一种是使用 str. format( ) 方法。

1. 占位符%

使用占位符%进行格式化输出时，Python 会使用一个带有格式符的字符串作为模板，这个格式符用于为真实值预留位置，并说明真实值应该呈现的格式。常用的占位符见表 2 – 12。

表 2 – 12　常用占位符

符号	说明	符号	说明
%c	格式化字符及其 ASCII 码	%o	格式化无符号八进制数
%s	格式化字符串	%x/%X	格式化无符号十六进制数（小写/大写）
%d	格式化十进制整数	%f	格式化浮点数，可指定小数点后的精度
%u	格式化无符号整数	%e/%E	用科学计数法格式化浮点数（小写/大写）

举例：占位符应用。根据顾客输入的姓名，让顾客核对商品价格。

代码实现：

```
name = input("请输入您的姓名:")
tel = input("请输入您的电话号码:")
price = 56.6
print("% s 您好! 您的电话为% s。购买商品总价为:% .2f 元。"% (name,tel,price))
```

运行结果：

> 请输入您的姓名:晓晓
> 请输入您的电话号码:1234567890
> 晓晓您好！您的电话为 1234567890。购买商品总价为:56.60 元。

注意:%.2f 中的 ".2" 指定小数点后保留两位。如果前面的格式字符串中只有一个占位符，说明%后只有一个数据，则不需要加()。例如：print("%s 您好!"%name)。

2. 使用 str.format() 方法进行格式化输出

使用 format() 方法也可以对字符串进行格式化输出，与占位符不同的是，使用 format() 方法不需要关注变量的类型。基本语法是通过{}和:来代替上述占位符%。format() 方法格式化数字的方法见表 2-13（假如变量 p=52）。

表 2-13 format() 格式化数字的方法

格式	说明	实例	运行结果（注意左、右的空格，这里用□表示空格）
{:.2f}	保留小数点后两位	print("{:.2f}".format(p))	52.00
{:+.2f}	带符号数保留小数点后两位	print("{:+.2f}".format(p))	+52.00
{:.0f}	不带小数	print("{:.0f}".format(p))	52
{:0>5d}	用 5 位显示，右对齐，不足位数补 0	print("{:0>5d}".format(p))	00052
{:*<5d}	用 5 位显示，左对齐，不足位数补 *	print("{:*<5d}".format(p))	52***
{:5d}	右对齐（默认），用 5 位显示	print("{:5d}".format(p))	□□□52
{:^5d}	居中对齐，用 5 位显示	print("{:^5d}".format(p))	□52□□
{:,}	以 "," 分隔的数字格式	print("{:,}".format(5200))	5,200
{:.3%}	以百分比格式显示，保留小数点后 3 位	print("{:.3%}".format(p))	5200.000%
{:.3e}	以科学计数法格式显示，保留小数点后 3 位	print("{:.3e}".format(p))	5200e+01

举例：用 format() 方法实现输入顾客的姓名，让顾客核对商品价格。

代码实现：

```
name = input("请输入您的姓名:")
tel = input("请输入您的电话号码:")
price = 56.6
print("{}您好! 您的电话为{}。购买商品总价为:{}元。".format(name,tel,price))
```

运行结果：

> 请输入您的姓名:晓晓
> 请输入您的电话号码:1234567890
> 晓晓您好！您的电话为 1234567890。购买商品总价为:56.6 元。

注意：如果格式字符串中包含多个{}，并且没有指定任何序号（从0开始编号），那么默认按照"{}"出现的顺序分别用 format( )方法中的参数进行替换；如果每个{}中明确指定了序号，那么按照序号对应的 format( )方法中的参数进行替换。例如，print("{1}您好！您的电话为{0}。购买商品总价为：{2}元.".format(tel,name,price))，也可以输出一样的结果。

实例6 升级版句子大反转游戏——把英文句子中所有单词逆序

实例目标：掌握字符串中拆分与连接字符方法的应用。

实例内容：编写一个程序，实现升级版英文句子大反转游戏，即把句子中的单词全部逆序输出。

Python 语言中，字符串的 split( ) 和 join( ) 方法配合使用可以实现。

微课视频

代码实现：

```
a ='I love China,I love my family'    #原字符串
strword = a.split('')                 #用一个空格符作为分隔符切割原始字符串
print(strword)
b = strword[ -1::-1]                  #反转字符串
print(b)
c =''.join(b)                         #重新组合字符串
print('反转后的句子为:',c)
```

运行结果：

```
['I','love','China,I','love','my','family']
['family','my','love','china,I','love','I']
反转后的句子为:family my love China, I love I
```

模块总结

本模块主要介绍了 Python 编程基础知识，包括 Python 基本语法、各类运算符、运算符的优先级次序和字符串的内容。通过模块任务，理解基本语法结构，掌握各类运算符、运算符的优先级次序的应用，掌握字符串的各种操作，进而养成加必要注释、进行语句层次缩进等良好编程习惯，具有规范、严谨的工作作风，从而具有编辑和运行简单程序的能力、正确使用 Python 基本语法的能力、正确使用运算符和表达式的能力，以及运用字符串编制程序解决问题的能力。

模块测试

知识测试

一、单选题

1. 下列 Python 对象中，对应的布尔值是 TRUE 的是（　　）。

A. NONE　　　　B. 0　　　　C. 1　　　　D. " "

2. 下列符号中，表示 Python 中单行注释的是（　　　）。

A. #　　　　　　　　　B. //　　　　　　　　　C. <! -- -- >　　　D. """"

3. 下列选项中，表示幂运算的符号是（　　　）。

A. *　　　　　　　　　B. ++　　　　　　　　　C. %　　　　　　　　　D. **

4. 下列关于 Python 中的复数，说法错误的是（　　　）。

A. 表示复数的语法是 real + imagj　　　　B. 实部和虚部都是浮点数

C. 虚部必须后缀 j，且必须是小写的　　　　D. 1j 和 −1j 都是复数

5. 已知字符串 str = "python"，下列对该字符串进行切片操作后得到的结果错误的是

（　　　）。

A. str[0:2] = 'py'　　　　　　　　　　　B. str[−1: −5:2] = ''

C. str[−4: −1] = 'tho'　　　　　　　　　D. str[−5: −1:2] = ''

二、填空题

1. 整数类型有 4 种进制表示，分别是十进制、二进制、八进制和_____。

2. 2.36E5 表示的数是_____。

3. 若 a = 10，那么 bin(a) 的值为_____。

4. 要使一个整数变为浮点数，需要用到_____函数转换。

5. 使用占位符格式化字符串时，若格式化字符串中有多个占位符，用于传参的多个变量应放在_____中。

三、判断题

1. 注释的作用就是对文档代码进行说明。

2. 字符串中第一个字符的索引是 0。

3. type() 函数可以查看变量的数据类型。

4. Python 中可使用 4 种进制表示整型，其中八进制以 0O 或 0o 开头。

5. 不同的数据类型之间是不能转换的。

四、综合题

1. 简述 Python 中的数字类型有哪些。

2. 读程序，写结果。执行完以下程序后，屏幕输出的内容是_____。

```
a = 20
b = 10
a% = b
print(a)
```

技能测试

基础任务

1. 编写一个程序，用于实现两个浮点型变量值的互换。

2. 编写一个程序，用于实现字符串"Life is short，you need Python"的逆序。

拓展任务

编写程序，实现将两个正整数 x 和 y 首尾相接，合成一个整数存到变量 z 中，并输出。

学习效果评价

序号	评价内容	个人自评	同学互评	教师评价
1	能够正确使用 Python 基本语法编写程序			
2	能够正确使用运算符和表达式			
3	能够运用字符串编写程序解决问题			
4	能够熟练使用 Anaconda 集成开发环境			
5	工匠精神：编程习惯良好，缩进格式规范，有详细、规范的注释			
6	举一反三：能根据所学的知识解决实际问题			
7	团队合作：与组员分工合作，解决所遇问题			
8	创新精神：不拘泥于固定思维，编程有创新			
评价标准				
A：能够独立完成技能测试，熟练掌握，灵活运用，有创新				
B：能够独立完成				
C：不能够独立完成，需在提示、帮助或指导下完成				
项目综合评价：>6 个 A，认定为优秀；4~6 个 A，认定为良好；<4 个 A，认定为及格				

模 块 三

程序流程控制

知识目标

1. 理解三大基本流程；

2. 掌握选择结构语句的应用；

3. 掌握循环结构语句的应用；

4. 理解 break 和 continue 语句在循环中的作用。

能力目标

1. 具有用表达式表示条件判断的能力；

2. 具有正确使用选择结构语句的能力；

3. 具有正确使用循环结构语句的能力；

4. 具有运用选择结构和循环结构设计、编写程序来解决问题的能力。

素质目标

1. 具有坚定的理想信念、强烈的家国情怀和民族自豪感；

2. 养成良好的编程习惯，具有规范、严谨的工作作风，精益求精的大国工匠精神。

思政点融入

1. 选择结构——通过关于"选择"的案例，让学生感受认真"判断"、仔细权衡后的选择，才是有意义的选择。

2. 循环结构——由简入繁，逐步提升。考虑处理问题的多样性，阶梯式地解决问题。

3. 解决中国古代经典问题——培养学生文化自信和民族自豪感。

任务3.1 "环肥燕瘦"，你需要减肥吗？——选择结构

【任务描述】编写一个 BMI 指数（身体质量指数，简称体质指数，又称体重指数，英文为 Body Mass Index，简称 BMI）计算程序，根据 BMI 来判断胖瘦程度。

【任务分析】BMI 指数，是用体重千克数除以身高米数的平方得出的数字，是目前国际上常用的衡量人体胖瘦程度以及是否健康的一个标准。具体计算公式为：BMI（单位 kg/m^2）＝体重（kg）÷身高（m）的平方。

胖瘦的判断标准见表 3－1。

微课视频

表 3-1　胖瘦程度的判断标准

BMI 范围	胖瘦程度
BMI < 18.5	偏瘦
18.5 ≤ BMI < 24	正常
24 ≤ BMI < 28	偏胖
28 ≤ BMI < 32	肥胖
BMI ≥ 32	非常肥胖

【任务实施】使用多分支选择结构 if…elif…else，根据表 3-1 所列的判断标准，分五种情况来实现胖瘦程度的判断。

代码实现：

```
weight = float(input('请输入您的体重(kg):'))
height = float(input('请输入您的身高(m):'))
BMI = weight /(height * height)
print('您的 BMI 值为% .2f'% BMI)
if BMI < 18.5:
    print('偏瘦')
elif 18.5 < = BMI <24:
    print('正常')
elif 24 < = BMI < 28:
    print('偏胖')
elif 28 < = BMI <32:
    print('肥胖')
else:
    print('非常肥胖')
```

运行结果：

```
请输入您的体重(kg):60
请输入您的身高(m):1.8
您的 BMI 值为18.52
正常
```

【任务相关知识链接】完成该任务需要的知识介绍如下：

在一般情况下，程序中的语句默认是自上而下顺序执行的。在特定情况下，程序执行流程可能出现一些跳跃、反复或回溯，这就涉及"选择结构"和"循环结构"。顺序结构、选择结构和循环结构合称为程序流程控制的"三大基本结构"。

Python 的选择结构是根据条件表达式的结果选择运行不同语句的流程结构。选择结构也称为分支结构。例如：登录邮箱时，判断账户和密码是否正确，决定是否能正常登录等。在编程中用 if 语句实现。

本任务中主要介绍 if 语句的格式、选择结构的嵌套。

3.1.1 if 语句的格式

根据可选的分支多少，选择结构可分为单分支选择、双分支选择和多分支选择。

1. 单分支选择

单分支选择结构就是"一条路选择走还是不走的问题"。if 语句最简单的格式由三部分组成，分别是 if 关键字、条件表达式和代码块。根据条件判断，条件成立时，执行相应的代码；不成立时，不执行这些代码。其流程图如图 3-1 所示。

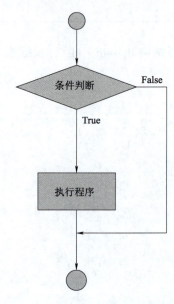

图 3-1 单分支选择结构流程图

单分支 if 语句的语法格式为：

```
if 条件表达式：
    语句块
```

上述格式中，如果 if 后的条件表达式结果为 True，执行语句块，否则，不执行语句块，执行其后的其他语句。要注意的是，if 子句后的"："不可以省略。

举例：输入一个实数，判断是否是合法的百分制分值。

代码实现：

```
score = -9
if  score<0 or score >100:
    print("您输入的分数有误,请输入 0 -100 之间的数值!")
```

运行结果：

```
您输入的分数有误,请输入 0 -100 之间的数值!
```

2. 双分支选择结构

双分支选择结构就是"两条路选择哪一条的问题"，其流程图如图 3 – 2 所示。

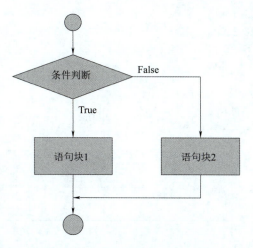

图 3 – 2　双分支选择结构流程图

双分支 if 语句的语法格式为：

```
if 条件表达式 A：
    语句块 1
else：
    语句块 2
```

上述格式中，如果 if 后的条件表达式结果为 True，执行语句块 1，否则；执行语句块 2。

举例：输入一个合法的百分制分数，判断分数是否及格。

代码实现：

```
score = float(input("请输入分数:"))
if  score > = 60:
    print("及格!")
else:
    print("不及格!")
```

运行结果：

```
请输入分数:56
不及格!
```

3. 多分支选择结构

多分支选择结构就是"多条路选择哪一条的问题"，其流程图如图 3 – 3 所示。

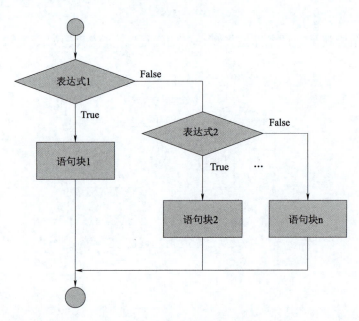

图 3-3　多分支选择结构流程图

多分支 if 语句的语法格式为：

```
if 条件表达式1:
    语句块1
elif 条件表达式2:
    语句块2
elif 条件表达式3:
    语句块3
...
else:
    语句块n
```

上述格式中，如果 if 后的条件表达式 1 结果为 True，执行语句块 1，否则，判断表达式 2 的值，如果结果为 True，执行语句块 2，否则，再判断表达式 3 的值，如果结果为 True，执行语句块 3，依此类推，如果哪个表达式的值都不为 True，则执行语句块 n。

举例：输入一个合法的百分制分数，判断分数是 A、B、C、D、E 哪一等级。

代码实现：

```
score = float(input("请输入一个 0 -100 之间的分数:"))
if score > =90:
    print("该成绩为 A 等,请继续保持!")
elif score > =80:
    print("该成绩为 B 等,加油!")
elif score > =70:
    print("该成绩为 C 等,加油!")
```

```
elif score >=60:
    print("该成绩为 D 等,加油!")
else:
    print("该成绩为 E 等,好好努力哦!")
```

运行结果:

```
请输入一个 0 –100 之间的分数:89.5
该成绩为 B 等,加油!
```

讨论:条件表达式一般是什么表达式?条件表达式的值是什么数据类型?三种分支选择结构中哪几处必须添加“:”?为什么一段程序中多条语句不能左对齐书写?

实例 7　验证码问题（大写字母转小写字母）——单分支选择

微课视频

实例目标:掌握单分支 if 语句的使用。

实例内容:假如一个系统的验证码是一位小写字母,在用户输入时,可能会不小心输入了大写字母,导致出错。编写一个程序,如果遇到输入的字母是大写字母,则转化为对应的小写字母。

代码实现:

```
ch = input("请输入一个大写字母")
if (ch > = "A" and ch < = "Z"):
    ch = int(ord(ch) +32)
    print ("输出结果为:",chr(ch))
```

运行结果:

```
请输入一个大写字母 G
输出结果为:g
```

实例 8　判断奇偶数——双分支选择

微课视频

实例目标:掌握 if – else 语句的使用方法。

实例内容:输入一个正整数,判断该数是奇数还是偶数。

代码实现:

```
#从键盘上输入一个正整数存入变量 n
n = int(input("请输入一个正整数 n:"))
if n% 2 = =0:   #判断 n 是否为偶数
    print (n,"是偶数")
else:
    print (n,"是奇数")
```

运行结果:

```
请输入一个正整数 n:6
6 是偶数
```

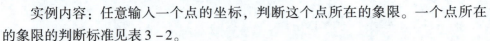

实例 9　判断一个点所在的象限——多分支选择

实例目标：掌握 if – elif – else 语句的使用。

实例内容：任意输入一个点的坐标，判断这个点所在的象限。一个点所在的象限的判断标准见表 3 – 2。

微课视频

表 3 – 2　一个点所在的象限的判断标准

x 坐标值	y 坐标值	所在的象限
0	0	原点
0	非 0	y 轴
非 0	0	x 轴
>0	>0	第一象限
<0	>0	第二象限
<0	<0	第三象限
>0	<0	第四象限

代码实现：

```python
x = int(input('请输入 x 坐标:'))
y = int(input('请输入 y 坐标:'))
if x = = 0 and y = = 0:
    print('原点')
elif x = = 0:
    print('y 轴')
elif y = = 0:
    print('x 轴')
elif x > 0 and y > 0:
    print('第一象限')
elif x < 0 and y > 0:
    print('第二象限')
elif x < 0 and y < 0:
    print('第三象限')
else:
    print('第四象限')
```

运行结果：

```
请输入 x 坐标: - 8
请输入 y 坐标: - 8
第三象限
```

3.1.2　选择结构的嵌套

为了实现更多分支的选择，可以在 if – else 语句的缩进语句块中再包含其他 if – else 语句，这种格式称为 if – else 语句的嵌套。在嵌套的选择结构中，根据对齐的位置来进行 if 和 else 的配对。嵌套 if 语句的语法格式为：

```
if 条件表达式 A:
    if 条件表达式 B:
        语句块 1
    else:
        语句块 2
else:
    语句块 3
```

其中，内层的 if – else 语句既可以出现在外层 if – else 语句 if 子句的语句块位置，又可以出现在 else 子句的语句块位置。语句也可以多重嵌套，实现更多分支的选择。在书写时注意同层次的对齐，内层的需要缩进。

注意：if 语句可以多层嵌套，但过多嵌套不利于理解程序逻辑，因此不建议使用超过 3 层的嵌套。

实例 10　登录验证系统

实例目标：掌握 if – else 语句的嵌套。

实例内容：从键盘输入用户名和密码，要求先判断用户名，再判断密码。如果用户名不正确，则直接提示用户名输入有误；如果用户名正确，进一步判断密码，并给出判断结果的提示。

微课视频

代码实现：

```
us = input("请输入用户名:")
pd = input("请输入密码:")
if us = = "gxm":
    if pd = = "123":
        print("用户名和密码正确,正常登录")
    else:
        print("密码错误,重新输入密码")
else:
    print("用户名错误,重新用户名")
```

运行结果：

```
请输入用户名:gxm
请输入密码:123
用户名和密码正确,正常登录
```

任务 3.2　百钱百鸡问题——循环结构

【任务描述】 百钱百鸡问题。编写一个程序，解决中国古代的"百钱百鸡"问题。

我国古代数学家张丘建在《算经》一书中曾提出过著名的"百钱百鸡"问题，该问题叙述如下：鸡翁一，值钱五；鸡母一，值钱三；鸡雏三，值钱一；

微课视频

百钱买百鸡，则翁、母、雏各几何？翻译过来，意思是公鸡一个五块钱，母鸡一个三块钱，小鸡三个一块钱，现在要用一百块钱买一百只鸡，问公鸡、母鸡、小鸡各多少只？

【任务分析】本节用"枚举法（也称穷举法）"。即对可能出现的各种情况——进行测试，判断是否满足条件，使用循环可实现。用 x 代表公鸡数，y 代表母鸡数，z 代表小鸡数。

【任务实现】用两层 for 的嵌套，内层取遍每一种可能取值的母鸡数（取值为 0 ~ 33 之间的正整数），外层取遍每一种可能取值的公鸡数（取值为 0 ~ 20 之间的正整数），如果这次取得的公鸡数、母鸡数和小鸡数分别乘以对应的单价后相加，计算出花费的钱数刚好为 100 元，那么就输出这种个数组合。

代码实现：

```
print("公鸡数","母鸡数","小鸡数")
for x in range(0,21):
    for y in range(0,34):
        z = 100 - x - y
        if 5 * x + 3 * y + z / 3 = = 100:
            print(x,'\t',y,'\t',z)
```

运行结果：

公鸡数	母鸡数	小鸡数
0	25	75
4	18	78
8	11	81
12	4	84

【任务相关知识链接】完成该任务需要的知识介绍如下：

循环结构就是在一定条件下反复执行某些程序语句的流程结构。Python 常用的循环语句有 for 语句和 while 语句。

3.2.1　for 循环

for 循环一般用于循环次数可以提前计算出的情况，尤其是遍历字符串、列表、元组、字典、集合等序列类型，逐个获取序列中的各个元素。其流程图如图 3 - 4 所示。

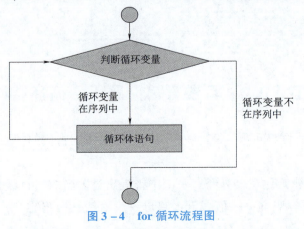

图 3 - 4　for 循环流程图

for 循环的语法格式为：

```
for 循环变量 in 序列：
    循环体
```

上述格式中，循环变量每次获得序列中的一个值，执行循环体语句一次，再取得下一个值，执行循环体语句第二次，依次重复执行循环体语句，直到取遍所有元素后（遍历）结束。

举例：用 for 语句遍历字符串中的每一个字符。

代码实现：

```
s = "for 循环举例"
for c in s:
    print(c)
```

运行结果：

```
f
o
r
循
环
举
例
```

实例 11　替聪明的小高斯解题

实例目标：掌握 for 语句的使用。

实例内容：用 for 语句来计算 $1 + 2 + \cdots + 100$ 的和。

代码实现：

微课视频

```
sum = 0
for i in range(101):
    sum = sum + i
print("1 +2 +…+100 = ",sum)
```

运行结果：

```
1 +2 +…+100 =5050
```

for 语句经常与 range( ) 函数配合使用，以控制 for 语句中循环体语句的执行次数。需要注意的是，range( ) 函数的括号里的数字必须是 101，而不是 100。因为它的取值是从 0 一直到 101 的前一个值。

range( ) 函数的语法格式为：range(([start,] stop [,step]))，函数返回一个 range 对象实例。实例包含了计数的起始位置、终点位置和步长等信息。其中，start 表示计数起始位置的整数参数，可省略，省略时默认从 0 开始计数；stop 表示计数终点位置的参数，不可省略，计数迭代的序列中不包含 stop（最大取到 stop – 1）；step 表示步长的参数，可省略，省略时默认步长为1。

举例：实例11中的"for i in range(101)："还可以表述为"for i in range(1,101,1)："，或者"for i in range(1,101)："，或者"for i in range(100,0,-1)："。其运行结果不变。

如果相加的数字比较少或者不连续，也可用for i in [1,2,3,4,5,6,7,8,9,10]或for i in [2,6,8]这样的形式。

3.2.2 while 循环

while 循环语句的流程图如图3-5所示。

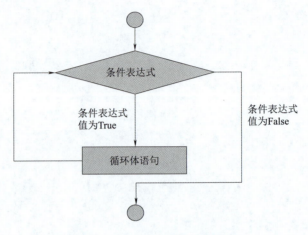

图3-5 while 循环流程图

while 循环的语法格式为：

```
while 条件表达式：
    循环体
```

上述格式中，当 while 语句的条件表达式值为 True 时，运行循环体语句；运行完循环体语句一次后，再次跳到 while 语句入口处，判断条件表达式的值，如果条件表达式的值为 True，继续执行循环体语句一次，如此反复，直到条件表达式值为 False 时，退出循环。

注意：在使用 while 循环语句时，在循环体中，一定要添加使循环条件改变为 False 的语句，否则，一旦进入循环，将产生死循环。

举例：用 while 语句来计算 1+2+…+100 的和。

代码实现：

```
sum = 0
i = 1
while i < =100:
    sum = sum + i
    i = i + 1
print("1 +2 +…+100 = ",sum)
```

运行结果：

```
1 +2 +…+100 = 5050
```

实例 12　可试错 3 次的登录验证系统

实例目标：掌握 while 语句的使用。

微课视频

实例内容：编写程序，模拟登录系统的账号和密码检测功能，在实例 10 的基础上，增加 3 次试错机会。

代码实现：

```
print("欢迎使用可试错 3 次的登录验证系统!")
count =3                    # count 为计数器
while count >0:
    us = input("请输入用户名:")
    pd = input("请输入密码:")
    if us = = "gxm":
        if pd = = "123":
            print("用户名和密码正确,正常登录!")
        else:
            print("密码错误,重新输入密码!")
    else:
        print("用户名错误,重新输入用户名!")
    count = count −1
if count = =0:
    print("您已经输错 3 次,很遗憾,无法登录系统!")
```

运行结果：

```
欢迎使用可试错 3 次的登录验证系统!
请输入用户名:g
请输入密码:123
用户名错误,重新输入用户名!
请输入用户名:gxm
请输入密码:1
密码错误,重新输入密码!
请输入用户名:gxm
请输入密码:12
密码错误,重新输入密码!
您已经输错 3 次,很遗憾,无法登录系统!
```

注意：该程序有个弊端，就是在 3 次机会中，如果输对了用户名和密码，则不能结束循环，还得继续输入判断执行另外两次。

3.2.3　跳出循环

循环语句一般会执行完所有的情况后自然结束，但是有些情况下，不需要执行完所有循环，可提前跳出循环。例如：判断 n 是否为素数，本来该数应除遍 2～n−1，都不能整除的话，n 就是素数。假如 n 除以 2 余数为 0，那么就可以判断出来不是素数，需要提前结束循环。Python 中提供两个提前跳出循环的语句，分别是 break 和 continue 语句，前者用于跳出本次循环，后者用于跳出本层循环。

实例 13 升级版可提前跳出循环的登录验证系统

实例目标：掌握 while 循环中 break 语句的使用。

实例内容：编写程序，模拟登录系统的账号和密码检测功能，并限制输错次数不超过 3 次。

微课视频

代码实现：

```python
count = 0 #用于记录用户输错次数
while count < 3:
    us = input("请输入账号:")
    pd = input("请输入密码:")
    if us == 'gxm' and pd == '123': #进行账号密码比对
        print('登录成功')
        break
    else:
        print("用户名或密码错误")
        count += 1 #初始变量值自增1
        if count == 3: #如果错误次数达到3次,则提示并退出
            print("输入错误次数过多,请稍后再试")
        else:
            print(f"您还有{3-count}次机会") #显示剩余次数
```

运行结果：

```
请输入账号:g
请输入密码:123
用户名或密码错误
您还有2次机会
请输入账号:gxm
请输入密码:12
用户名或密码错误
您还有1次机会
请输入账号:gxm
请输入密码:123
登录成功
```

注意： 该程序改进之处就是如果在 3 次机会内输对用户名和密码，可提前跳出循环。

实例 14 快乐猜猜猜（猜数字游戏）

实例目标：掌握 for 循环中 break 和 continue 语句的使用。

实例内容：给 5 次机会，猜一个 1～10 之间随机产生的秘密数字。如果没有猜对，继续猜，直到猜对或用完 5 次机会结束，最后公布秘密数字具体值。

微课视频

代码实现:

```
import random
secret = random.randint(1,10)          #存储随机产生的秘密数字
c = 0                                   #存储从键盘上输入的数字
n = 0                                   #存储所用机会的次数
print("快乐猜猜猜,1 -10 之间会是几呢?")
print("你有 5 次机会哦!")
while n < 5:   # 提供 5 次猜数机会
    c = eval(input("请猜一个数:"))
    n = n + 1
    if c < secret:
        print("数有点小哦,加油!")
        continue
    elif c > secret:
        print("数有点大哦,加油!")
        continue
    else:
        print("恭喜你,猜对了!")
        break
if c ! = secret:
    print("很可惜,你猜错了!")
print("正确的数字为:" + str(secret))
```

运行结果:

```
快乐猜猜猜,1 -10 之间会是几呢?
你有 5 次机会哦!
请猜一个数:5
数有点大哦,加油!
请猜一个数:3
数有点小哦,加油!
请猜一个数:4
恭喜你,猜对了!
正确的数字为:4
```

以上实例中,while 循环正常是要循环 5 次的,结束的条件是, n = 5(n < 5,结果为 false)。在循环体语句中,如果用了一次机会还没有猜对,就用 continue 语句结束本次循环,继续进行下一次是否进入循环的判定,但是,如果猜对,无论后边还有几次循环没进行,都用 break 语句直接强制跳出循环,执行 while 语句的下一条语句。也就是 while 循环有正常出口和非正常出口。

3.2.4　循环嵌套

在一个循环的循环体中嵌入另一个循环语句,称为循环嵌套。for 语句和 while 语句都可以进行循环嵌套。

for 循环嵌套的格式为：

```
for 循环变量 in 序列:
    代码块 1
    ...
    for 循环变量 in 序列:
        代码块 2
        ...
```

while 循环嵌套的格式为：

```
while 条件表达式 1:
    代码块 1
    ...
    while 条件表达式 2:
        代码块 2
        ...
```

举例：用 "@" 来输出直角三角形。

代码实现：

```
# 用 @ 输出直角三角形 (for 循环嵌套)
for i in range(1, 6):
    for j in range(i):
        print('@', end=' ')
    print()
# 用 @ 输出直角三角形 (while 循环嵌套)
i = 1
while i <= 5:
    j = 1
    while j <= i:
        print('@', end=' ')
        j = j + 1
    print()
    i += 1
```

运行结果：

```
@
@ @
@ @ @
@ @ @ @
@ @ @ @ @
```

实例 15　九九乘法歌诀

实例目标：了解循环嵌套的应用。

实例内容：《九九乘法歌诀》，又常称为"小九九"。中国使用"九九口诀"的时间较早。在《荀子》《管子》《淮南子》《战国策》等书中就能找到"三九

微课视频

二十七""六八四十八""四八三十二""六六三十六"等句子。由此可见，早在"春秋""战国"的时候，《九九乘法歌诀》就已经开始流行了。本节用循环语句来实现九九乘法歌诀。

代码实现：

```
#《九九乘法歌诀》
for i in range(1, 10):                    #外层循环控制行数
    for j in range(1, i + 1):             #内层循环控制每行的列数
        print('{}x{} = {} \t'.format(j, i, i * j), end = '')
    print()
```

运行结果：

```
1 ×1 =1
1 ×2 =2   2 ×2 =4
1 ×3 =3   2 ×3 =6   3 ×3 =9
1 ×4 =4   2 ×4 =8   3 ×4 =12   4 ×4 =16
1 ×5 =5   2 ×5 =10  3 ×5 =15   4 ×5 =20   5 ×5 =25
1 ×6 =6   2 ×6 =12  3 ×6 =18   4 ×6 =24   5 ×6 =30   6 ×6 =36
1 ×7 =7   2 ×7 =14  3 ×7 =21   4 ×7 =28   5 ×7 =35   6 ×7 =42   7 ×7 =49
1 ×8 =8   2 ×8 =16  3 ×8 =24   4 ×8 =32   5 ×8 =40   6 ×8 =48   7 ×8 =56   8 ×8 =64
1 ×9 =9   2 ×9 =18  3 ×9 =27   4 ×9 =36   5 ×9 =45   6 ×9 =54   7 ×9 =63   8 ×9 =72   9 ×9 =81
```

以上实例中，外层的 for 循环控制每一行，i 取 1～9，一共进入循环体执行 9 次，实现《九九乘法歌诀》中的 9 行。内层的 for 循环控制每一行里的各列，每一次执行时，j 从 1 取到 i + 1，控制该行的列数。

模块总结

本模块主要介绍了程序结构的三大基本流程，学习了选择结构语句的应用和循环结构语句的应用。通过模块任务，理解三大基本流程，掌握选择结构语句的应用和循环结构语句的应用，理解 break 和 continue 语句在循环中的作用，进而养成良好的编程习惯，具有规范、严谨的工作作风，具有运用选择结构和循环结构设计、编写程序解决问题的能力。

模块测试

知识测试

一、单选题

1. 下列语句中，用来结束整个循环的是（　　　）。

A. break　　　　　　　B. continue　　　　　　C. pass　　　　　　　D. else

2. 请阅读下面的程序：

```python
for i in range(5):
    i + =1
    if i = =3:
        break
    print(i)
```

上述程序中，print 语句会执行（　　）次。

A. 1　　　　　　　　　　B. 2　　　　　　　　　　C. 3　　　　　　　　　　D. 4

3. 下列语句中，执行后输出结果为 1、2、3 三个数字的是（　　）。

A. for i in range(3):print(i)　　　　　　　B. for i in range(2):print(i + 1)

C. for i in [0,1,2]:print(i + 1)　　　　　　D. i = 1;while i < 3:print(i)

二、填空题

1. 程序中的语句默认＿＿＿＿＿＿顺序执行。

2. if – else 语句可以处理＿＿＿＿＿＿个分支。

3. Python 常用的循环包括＿＿＿＿＿循环和＿＿＿＿＿循环。

4. for 循环常与＿＿＿＿＿＿函数搭配使用，以控制 for 循环中代码段的执行次数。

5. ＿＿＿＿＿＿语句用于跳出当前循环，继续执行下一次循环。

三、判断题

1. 只有 if 判断条件为 False 时，才会执行满足条件要执行的语句。

2. Python 中没有 do – while 循环。

3. 循环语句可以嵌套使用。

4. if 语句是最简单的条件判断语句，可以控制程序的执行流程。

5. if 语句可以多层嵌套，但过多嵌套不利于理解程序逻辑，因此不建议使用超过 3 层的嵌套。

四、综合题

1. 请阅读下面的程序：

```python
score = -1
if score > =0 and score < =100:
    if score > =80 and score < =100:
        print("优")
    elif score > =60 and score < 80:
        print("良")
    elif score > =0 and score < 60:
        print("差")
else:
    print("无效数字")
```

运行程序后，最终执行的结果为（　　）。

A. 优　　　　　　　B. 良　　　　　　　　C. 差　　　　　　　　D. 无效数字

2. 请简述如何实现无限循环。

3. 请简述 break 和 continue 语句的区别。

技能测试

基础任务

1. 运费计算问题。已知某快递点寄件价目表具体见表 3 – 3，从键盘输入物品质量，根据质量求出具体运费值。

表 3 – 3　寄件价目表

地区编号	首重（≤3 kg）/元	续重/（元·kg^{-1}）
华东地区（01）	12	3
华南地区（02）	10	2
华北地区（03）	13	4

2. 编写程序，实现遍历字符串的功能。

拓展任务

逢七拍手游戏。有 100 个人依次报数，谁遇到 7 或 7 的倍数，就拍手，编程实现，要求输出数据每 7 个一行，在"逢七"时，显示"@"。

学习效果评价

序号	评价内容	个人自评	同学互评	教师评价
1	能够编写选择结构程序			
2	能够编写循环结构程序			
3	能够实现循环的嵌套			
4	能够实现循环的提前跳出			
5	工匠精神：熟悉编程规范，代码命名规范，有详细、规范的注释			
6	举一反三：能根据所学的知识解决实际问题			
7	团队合作：与组员分工合作，解决所遇问题			
8	创新精神：不拘泥于固定思维，编程有创新			
评价标准				
A：能够独立完成技能测试，熟练掌握，灵活运用，有创新				
B：能够独立完成				
C：不能够独立完成，需在提示、帮助或指导下完成				
项目综合评价：>6 个 A，认定为优秀；4 ~ 6 个 A，认定为良好；<4 个 A，认定为及格				

模块四
函数与模块化程序

知识目标

1. 理解函数的概念与意义；

2. 理解函数形参、实参、返回值的含义；

3. 掌握函数的定义和调用方法；

4. 理解递归函数；

5. 掌握常用的内置函数和标准库函数；

6. 掌握代码复用与模块化程序设计。

能力目标

1. 具有定义和调用函数的能力；

2. 具有正确定义和使用形参、实参、返回值的能力；

3. 具有正确使用递归函数的能力；

4. 具有运用常用的内置函数和标准库函数解决问题的能力。

素质目标

1. 养成良好编程习惯，具有规范、严谨的工作作风；

2. 具备较高的审美水平，培养文化自信和民族自豪感。

思政点融入

1. 程序书写规范——通过关于函数定义和调用时的"缩进对齐"等格式规范，让学生进一步养成良好的编程习惯，具有规范、严谨的工作作风。

2. 代码复用与模块化程序设计——让学生知道节约，提高工作效率。

任务 4.1　统计正负数——函数的定义与调用

【任务描述】编写一个程序，分别统计输入的正、负数个数，直到输入 0 结束。

【任务分析】定义一个计数函数，完成统计正、负数的个数，然后在主程序中每输入一个数后，调用计数函数，完成统计。

微课视频

【任务实施】定义 signcout( ) 函数来完成循环输入整数，并统计正、负数的个数，直到输入 0 停止。然后在主程序中调用 signcout( ) 函数。

代码实现：

```
def signcout():                    #定义函数
    psign = 0
    usign = 0
    while True:                    #循环输入和分类统计
        x = int(input("请输入一个整数:"))
        if x > 0:
            psign = psign + 1
        elif x < 0:
            usign = usign + 1
        else:
            print("正数个数为:{}个,负数个数为:{}个。".format(psign,usign))
            break                  #结束循环
signcout()                         #调用函数
```

运行结果：

```
请输入一个整数:1
请输入一个整数:2
请输入一个整数: -5
请输入一个整数:8
请输入一个整数:0
正数个数为:3 个,负数个数为:1 个。
```

【任务相关知识链接】完成该任务需要的知识介绍如下：

当程序实现的功能较为复杂时，开发人员通常会将其中的功能性代码定义为一个函数，用于提高代码复用性、降低代码冗余，使程序结构更加清晰。本章将对函数的定义与调用、返回值等内容进行介绍。

4.1.1 函数的定义

函数是由一段完成某一特定功能且能重复使用的代码组成的。Python 标准库中自带的函数称为内置函数，用户自己编写的函数称为自定义函数。函数必须先定义，后使用。内置函数系统已经定义好，可以直接调用。

自定义函数的定义和调用过程见表 4 – 1。

表 4 –1   函数的定义和调用过程示意

函数定义语法格式	定义举例	调用举例
def 函数名(参数列表): 　　函数体	def add(x,y): 　　return x + y	x = 2 y = 3 z = add(x,y) print(z)

函数通过 def 关键字定义，def 后面的函数名要符合自定义标识符命名原则，然后跟一

对小括号，括号中有 0 ~ n 个参数，用逗号隔开。在参数列表之后是 "："。函数体是一组语句，每条语句左边要缩进 4 个字符。在函数定义时，参数列表中的参数称为形式参数，简称"形参"。

4.1.2 函数的调用

函数定义后，通过调用函数来运行函数体中定义的代码段。调用格式为：函数名（参数列表），调用带有参数的函数时需要传入参数，传入的参数称为实际参数，简称"实参"，形参存在于函数定义中的时候，不占内存，而实参是在函数被调用的时候实际存在的参数，是占用内存地址的。

4.1.3 返回值

return 语句在函数体中用来返回函数的结果或者退出函数。不带参数值的 return 语句返回的是 None，带参数值的 return 语句返回的是参数值。根据实际需求，return 语句可以省去不写。

在表 4 - 1 中，return x + y，先求 x + y 表达式的值，再返回这个值。

任务 4.2　播报当日天气——函数的参数传递

【任务描述】编写一个程序，播报当日天气情况。

【任务分析】定义一个输出函数，完成日期、天气情况、气温的输出，然后在主程序中调用该函数，完成当日天气情况播报。

【任务实施】定义一个 nowweather( ) 函数，参数表中列出存放日期、天气情况、气温等形参，然后在主程序中调用该函数，传递实参，输出各项内容。

微课视频

代码实现：

```python
def nowweather(date,weather,tem):
    print(date)
    print(weather)
    print(tem)
nowweather("2023 年 3 月 6 日","晴","22℃")
```

运行结果：

```
2023 年 3 月 6 日
晴
22℃
```

【任务相关知识链接】完成该任务需要的知识介绍如下：

函数调用时，默认按位置顺序将实参逐个传递给形参，也就是调用时，传递的实参和函数定义时确定的形参在顺序、个数上要一致，否则会出错。为了增加函数调用的灵活性和方便性，Python 还提供了其他的参数传递方式。本节分别介绍位置参数、关键字参数、默认参数和不定长参数的使用。

4.2.1　位置参数

位置参数也称必备参数，必须按照正确的顺序传到函数中，即调用时的数量和位置必须和定义时的一致。播报当日天气案例中的就是通过位置参数来调用函数的，具体语句为 nowweather("2023 年 3 月 6 日","晴","22℃")。如果调用时少传了实参值，系统就会提示出错。例如，执行 nowweather("2023 年 3 月 6 日","晴")，调用时没有传递第三个实参的值，系统提示"nowweather( ) missing 1 required positional argument：'tem'"。

4.2.2　关键字参数

当参数较多时，使用位置参数传值方式时，需要记住每个参数的位置及其含义，这并不容易。在函数调用时，通过"形参值＝实参值"的形式指定实参传递给哪个形参，这种形式称为关键字参数。关键字参数有两大优点：一是不需要考虑参数的顺序，函数的使用更加容易；二是当参数很多时，可以通过关键字参数只对指定的参数赋值，其他的参数可以使用默认值，避免每次调用都要给每个参数赋值的问题。

把播报当日天气案例中对函数 nowweather 调用的语句改为 nowweather(date="2023 年 3 月 6 日",tem="22℃",weather="晴")，这种就是使用关键字参数来调用函数，可以实现同样的输出结果。

4.2.3　默认参数

定义参数时，可以指定形式参数的默认值，调用函数时，若没有给带有默认值的形式参数传值，则直接使用参数的默认值；若给带有默认值的形参传值，则实际参数的值会覆盖默认值。

举例：把播报当日天气案例中的代码改写成默认参数形式。

代码实现：

```
def nowweather(date,weather="晴",tem="22℃"):
    print(date)
    print(weather)
    print(tem)
nowweather("2023 年 3 月 6 日")
```

运行结果：

```
2023 年 3 月 6 日
晴
22℃
```

如果将调用语句改为：nowweather("2023 年 3 月 6 日","小雨")，运行结果：

```
2023 年 3 月 6 日
小雨
22℃
```

注意：在声明函数形参时，先声明没有默认值的形参，然后再声明有默认值的形参，即默认值形参必须在最后。

4.2.4 不定长参数

不定长参数指的是函数的参数可以根据需要变化个数，这些参数叫作不定长参数。定义函数时在形参名前加上符号"＊"，就是不定长参数。

举例：把播报当日天气案例中的代码改写成不定长参数形式。

代码实现：

```
def nowweather(＊weather):
    print(weather)
nowweather("2023 年 3 月 6 日","晴","22℃")
```

运行结果：

```
('2023 年 3 月 6 日','晴','22℃')
```

任务4.3 外卖订单序号生成——变量作用域

【任务描述】编写一个程序，可以生成外卖订单序号。

【任务分析】定义一个函数，参数表中包括商品名称、份数、口味备注、大小份、顾客昵称、顾客电话、配送地址等形参，然后在主程序中调用该函数，传递实参，输出各项内容。

微课视频

【任务实施】定义一个订单信息函数 order，商品名称、份数、口味备注、大小份分别用 goods、num、remark、spec 来表示，顾客昵称、顾客电话、配送地址等顾客个人的信息，考虑到不一定全部填写，所以使用一个不定长参数＊user 来表示。

代码实现：

```
def order(goods,num,remark,spec,＊user):
    global orderno                              #定义全局变量 orderno,表示订单序号
    orderno + =1
    print(" -------------------- 第％d 份订单 -------------------- "％ orderno)
    print(goods)
    print(num)
    print(remark)
    print(spec)
    print("配送信息:",user)                       #输出变长参数＊user 的值
orderno = 0                                      #初始化全局变量 orderno
order("多肉葡萄",1,"加冰加糖","大份","淘淘","顺城巷 1 号","1234567890")
order("卡布奇诺",3,"正常糖","中份","曲江新区","1234567890")
```

运行结果：

```
————————第 1 份订单————————
多肉葡萄
1
加冰加糖
大份
配送信息:('淘淘','顺城巷 1 号','1234567890')
————————第 2 份订单————————
卡布奇诺
3
正常糖
中份
配送信息:('曲江新区','1234567890')
```

【任务相关知识链接】完成该任务需要的知识介绍如下：

变量的作用域是指程序代码能够访问该变量的区域范围，如果超出该区域范围，访问该变量时就会出现异常。在 Python 中，一般会根据变量的"有效范围"，将变量分为局部变量和全局变量两种类型。

4.3.1 局部变量

局部变量指在函数内部定义的变量，它只能在函数内部使用。如果在它所在的函数外部使用局部变量，就会出现 NameError 异常。

4.3.2 全局变量

全局变量是指能够作用于函数内部和外部的变量，全局变量主要有以下两种情况：

（1）在函数外部定义的变量（没有定义在某一个函数内），所有函数内部都可以使用这个变量。

（2）在函数内部使用 global 关键字声明的变量，这种变量也是全局变量。在函数外部可以访问到该变量，并且在函数内部还可以对其进行修改，但是在其他函数内部不能访问该变量。

举例：演示全局变量和局部变量的使用。

代码实现：

```
def f1():
    num = 100                    # 定义一个局部变量
    print("函数 f1 中的局部变量 num 为:% d" % num)
def f2():
    num = 99                     # 定义一个局部变量
    print("函数 f2 中的局部变量 num 为:% d" % num)
num = 80                         # 定义一个全局变量
f1()  # 调用函数
f2()  # 调用函数
print("全局变量 num 值为:% d" % num)
```

运行结果：

```
函数 f1 中的局部变量 num 为:100
函数 f2 中的局部变量 num 为:99
全局变量 num 值为:80
```

由以上实例可以看出，当局部变量和全局变量重名时，对函数内的局部变量赋值后，不会影响函数外的全局变量。尽管 Python 允许局部变量和全局变量重名，但是，在实际开发中，建议不要这样命名，这样容易让代码混乱，不易读。

任务 4.4　求 n!──递归函数

【任务描述】编写一个程序，求 n!。

【任务分析】n! 的求解公式为 $n! = \begin{cases} 1, & n \leqslant 1 \\ n(n-1)!, & n > 1 \end{cases}$，也就是说，

微课视频

1! =1，其他数的阶乘定义为这个数乘以比它小 1 的数的阶乘，依此类推，直到 1!。由于 1! =1 已知，返回一层可以求得 2!，再返回一层可以求得 3!，……，最终可以求出 n!。

【任务实施】定义一个 fac 函数，函数体中用分支语句实现求解公式中的两种情况，然后调用 fac 函数，求得 n!。

代码实现：

```
def fac(n):                          # 定义 fac 函数
    if n = =1:
        return 1
    else:
        return n * fac(n - 1)        # 在函数体语句中调用 fac 函数
n = 3
print("% d 的阶乘为:% d"% (n,fac(n)))  # 调用 fac 函数并输出
```

运行结果：

```
3 的阶乘为:6
```

【任务相关知识链接】完成该任务需要的知识介绍如下：

如果在一个函数的内部调用自身，这个函数就称为递归函数。函数的递归必须要有停止条件，否则，函数将无法跳出递归，造成死循环。递归函数的应用很广泛，例如连加、连乘、阶乘等问题都可以利用递归思想来解决。

任务 4.5　将十进制 IP 地址转换为二进制数──常用的内置函数

【任务描述】编写一个程序，将十进制 IP 地址转换为二进制数。

【任务分析】 十进制 IP 地址的一般格式类似于"192.168.2.10",也被称为 4 个点分十进制数,每个十进制数的大小都在 0~255 之间。转换为二进制数 IP 地址时,每一个原来的十进制数转换为一个 8 位的二进制数,最后得到的是 32 位的二进制数 IP 地址。

微课视频

【任务实施】 首先用字符串处理方法 split( ) 对 4 个点分十进制数进行分隔,分隔成四个十进制数,然后用内置函数 bin( ) 把每一个十进制数转换成二进制数。其中,变量 ipd 存放转换前的十进制的 IP 地址,l 存放进行分隔以后的四个十进制数(每个数字是字符串类型)。由于函数 bin(10) 转换后,得到的二进制数表述形式是字符串"0b1010",因此,需要用 replace("0b","") 函数来去掉前面的"0b"。用循环取遍每一个十进制数字符串,先转换为整型数据,再转换为二进制数,去掉前缀"0b"后,和原来的二进制的 IP 地址进行连接,循环执行完后,输出 ipb 的值即为转换后的二进制的 IP 地址。

代码实现:

```
ipd = input("输入十进制的 IP 地址(4 个点分十进制数):")  #ipd 存放输入的十进制 IP 地址
l = ipd.split(".")          #将"."作为分割符切割原始字符串
ipb = ""                    #ipb 存放转换后的二进制 IP 地址
for i in l:
    s = bin(int(i)).replace("0b","")  #将取得的十进制数转换为二进制后存入 s
    ipb = ipb + s
print("转换后的二进制的 IP 地址为:",ipb)
```

执行结果:

```
输入十进制的 IP 地址(4 个点分十进制数):192.168.2.10
转换后的二进制的 IP 地址为:1100000010101000101010
```

【任务相关知识链接】 完成该任务需要的知识介绍如下:

Python 自带的函数叫作内置函数,这些函数可以直接使用,不需要导入某个模块。

常用的内置函数除了模块一中讲述的输入函数 input( ) 和输出函数 print( )、模块二中表 2-1 中的 11 个常用的类型转换函数、表 2-10 中的 3 个字符串常用的内置函数之外,其他常用的内置函数见表 4-2。

表 4-2 Python 常用的内置函数

函数	功能	举例	值
abs( )	求绝对值	abs(-4)	4
pow( )	幂函数	pow(2,3)	8
sum( )	求和函数	sum([2,3,4])	9
round( )	对一个浮点型数据进行四舍五入取整处理	round(4.3)	4
divmod( )	分别求商与余数	divmod(6,4)	(1,2)

续表

函数	功能	举例	值
all( )	判断参数中是否所有的数据都是 True	all(['a','b','c','d']) all(['a','b','','d'])	True False
any( )	判断参数中是否存在一个为 True 的数据	any(['a','b','c','d']) any(['a','b','','d'])	True True
bin( )	将一个整数转换为一个二进制字符串	bin(4)	'0b100'
hex( )	将一个整数转换为一个十六进制字符串	hex(10)	'0xa'
oct( )	将一个整数转换为一个八进制字符串	oct(10)	'0o12'
bool( )	将参数转换为逻辑型数据	bool(0) bool(-8)	False True
range( )	根据需要生成一个范围	range(0,5,1)	range(0,5)
reversed( )	反转、逆序对象	print([x for x in reversed ([1,2,3,4,5])])	[5,4,3,2,1]
sorted( )	对参数进行排序	sorted([5,2,3,4,1])	[1,2,3,4,5]
type( )	显示对象所属的类型	print(type("happy"))	< class 'str' >

举例：将十进制 IP 地址转换为二进制数案例中直接使用了内置函数 bin( )把一个十进制数转换成二进制数。

任务4.6　随机验证码的生成——代码复用与模块化程序设计

【任务描述】生成一个6位随机验证码。

【任务分析】导入 random 库，用循环控制产生6个随机数（数字或字母），每产生一个，与前面的随机码进行连接，最终生成一个6位随机验证码。

微课视频

【任务实施】用 import random 导入 random 库，在 for 循环的循环体里调用 random. choice( )函数，每次产生一个 0～9 之间或 A～Z 之间的随机数，与前面的随机数进行字符连接，形成一个新的随机验证码，循环执行6次，就生成了一个6位随机验证码。

代码实现：

```
import random                          #导入随机模块 random
def rcode():                           #定义函数 rcode
    code = ""                          #给 code 赋空值
    for i in range (6):                #循环 5 次,生成一个 5 位的验证码
        add = random.choice([random.randrange(10),chr(random.randrange(65,91))])
        code + =   str(add)            #把最新产生的一个字符连接到原 rcode 后
    print( "生成的 6 位随机验证码为:",code)
rcode()                                #调用函数 rcode
```

运行结果:

```
生成的 6 位随机验证码为:MJ2I0F
```

注意：必须先导入 random 才能使用标准库函数。random. choice(seq)也叫抽样函数，其中的参数 seq 可以是一个列表、元组或字符串。random. randrange( )方法返回指定范围内的随机数。案例代码中的 random. randrange(10)，指的是取 0 ~ 9 之间的任意一个数字，random. randrange(65,91)，指的是取 ASCII 码介于 65 ~ 90 之间（即大写字母 A ~ Z）的任意一个字母，chr( )函数的作用将一个整数转换为对应的 ASCII 码字符。

【任务相关知识链接】完成该任务需要的知识介绍如下：

Python 作为高级编程语言，适合开发各类应用程序。程序由一条条语句实现，当程序功能复杂，代码行数很多时，如果不采取一定的组织方法，就会使程序的可读性变差，后期也难以维护。因此，Python 中，代码可以按以下方式一层层地组织：

（1）使用函数将完成特定功能的代码进行封装，然后通过调用来完成该功能。

（2）将一个或几个相关的函数保存为 . py 文件，构成一个模块（Module）。导入该模块，就可以调用模块中定义的函数。

（3）一个或多个模块连同一个特殊的文件_init_. py 保存在一个文件夹下，形成包（Package）。包能方便地分层次组织模块。

4.6.1 模块的概念

模块是一个以 . py 为扩展名的文件，文件由语句以及函数组成。例如，a. py 就是一个名为 a 的模块文件。文件定义成模块后，只要在其他函数或主函数中引用该模块，就可以调用该模块中的函数，达到代码重用的目的。在不同的模块中，可以使用相同名称的函数和变量。

Python 中的模块可分为三类，分别是内置模块、第三方模块和自定义模块，具体介绍如下：

（1）内置模块是 Python 内置标准库中的模块，也是 Python 的官方模块，可直接导入程序使用。

（2）第三方模块是由非官方制作发布的、供大众使用的模块，在使用之前，需要开发人员先自行安装。

（3）自定义模块是开发人员在编程过程中自行编写的、存放功能性代码的 . py 文件。

4.6.2 模块的导入方式

Python 模块的导入有两种方式：

1. 使用 import 语句导入

语法格式为：import 模块 1，模块 2，…

例如，import math，random，分别导入 math、random 两个模块。

模块导入后，就可以通过"模块名.函数名()/类名"这种方式来使用模块中的函数名或类，例如，math.sqrt(4)就是使用模块中的 sqrt()函数来求 4 的算术平方根。

当一个模块名字比较长时，可使用 as 为这个模块起别名，例如，import random as ran。

2. 使用 from…import…语句导入

语法格式为：from 模块名 import 函数名()/类名/变量名

使用这种方式导入模块之后，无须添加前缀，可以像使用当前程序中的内容一样使用模块中的内容。

例如，from math import sqrt as sq,sin，分别导入 math 模块中的 sqrt()和 sin()函数，并且给 sqrt()函数起别名 sq。

利用通配符"＊"可使用 from…import…导入模块中的全部内容。

例如：from math import ＊

4.6.3 常用的标准模块和模块函数

Python 内置了许多标准模块（也称为标准库，Python 中的库是借用其他编程语言的概念，没有特别具体的定义，Python 库着重强调其功能性。在 Python 中，具有某些功能的模块和包都可以被称作库），常用的标准模块有 math、random、sys、os、time 等。下面分别进行介绍。

1. math 模块

math 模块也称数学模块，它提供了大量与数学计算有关的对象，常用的对象见表 4 - 3。

表 4 - 3   math 模块函数/常数

函数/常数	说　　明
pi,e	圆周率 pi，自然常数 e
ceil(x)	向上取整，返回大于等于 x 的最小整数
floor(x)	向下取整，返回小于等于 x 的最大整数
sqrt(x)	求算术平方根

举例：math 模块函数的使用。

代码实现：

```
import math
a = 4.2
print("对% f 上、下取整结果分别为:% d,% d"% (a,math.ceil(a),math.floor(a)))
```

运行结果：

> 对 4.200000 上、下取整结果分别为:5,4

注意：使用 import 语句导入的 math 模块，进行 math 模块函数使用时，一定要在函数名前面加上模块名，例如 math. ceil(a)，否则，程序会报错 "name 'ceil' is not defined"。

2. random 模块

random 模块也称随机模块，它提供了大量与随机数及随机函数有关的对象，常用的函数见表 4 - 4。

表 4 - 4   random 模块函数

函　　数	说　　明
random( )	返回[0,1)之间的随机实数
randint(x,y)	返回[x,y]之间的随机整数
choice(seq)	从序列 seq 中随机返回一个元素
uniform(x,y)	返回[x,y]之间的随机浮点数
randrange([start,] stop[,step])	返回从 start 到 stop - 1（每次递增 step）之间的一个随机数。若 start 省略，默认是 0；若 step 省略，默认是 1

举例：random 模块函数的使用。

代码实现：

```
from random import *
print("产生一个[1,5]之间的随机整数:",randint(1,5))
```

运行结果：

> 产生一个[1,5]之间的随机整数:1

注意：使用 from random import * 语句导入的 random 模块，进行 random 模块函数使用时，一定不要在函数名前面加上模块名，例如 randint(1,5)，否则，系统会报错。

3. time 模块

time 模块也称时间模块，它提供了一系列处理时间的函数，常用的函数见表 4 - 5。

表 4 - 5   time 模块函数

函　　数	说　　明
time( )	返回当前时间,结果为实数,单位为秒
sleep(secs)	进入休眠态，时长由参数 secs 指定，单位为秒

举例：time 模块函数的使用，求计算 $1\,000^{1\,000}$ 用时多少秒。

代码实现：

```
from time import *
beforetime = time()
c = pow(1000,1000)
aftertime = time()
print("计算 pow(1000,1000)用时:% .8f 秒"% (aftertime – beforetime))
```

运行结果：

```
计算 pow(1000,1000)用时:0.00099802 秒
```

4. sys 模块

sys 模块主要负责与 Python 解释器进行交互，它提供了一系列用于控制 Python 运行环境的函数和变量，常用的对象见表 4 – 6。

表 4 – 6 **sys 模块函数**

函数/变量	说　　明
argv	返回传递给 Python 脚本的命令行参数列表
version	返回 Python 解释器的版本信息
path	返回模块的搜索路径列表
platform	返回操作系统平台的名称
exit( )	退出当前程序

举例：sys 模块函数的使用。

代码实现：

```
from sys import *
print("命令行参数列表:",argv)
print("Python 版本:",version)
print("操作系统平台的名称:",platform)
```

运行结果：

```
命令行参数列表:['C:\\ProgramData \\anaco \\lib \\site – packages \\ipykernel_launch-
er.py','– f','C:\\Users \\Administrator \\AppData \\Roaming \\jupyter \\runtime \\
kernel – dbf41875 – 1919 – 43b6 – 8049 – 1f33ae76bde0.json']
Python 版本:3.10.9 |packaged by Anaconda,Inc. |(main,Mar 1 2023,18:18:15) [MSCv.
1916 64 bit (AMD64)]
操作系统平台的名称:win32
```

5. os 模块

os 模块提供了访问操作系统服务的功能，该模块常用的函数见表 4 – 7。

表4-7 os模块函数

函 数	说 明
getcwd( )	返回当前工作路径,即当前Python脚本所在的路径
chdir( )	改变当前脚本的工作路径
remove	删除指定文件
_exit	终止Python程序

举例:sys模块函数的使用。

代码实现:

```
from os import *
print("当前工作路径为:",getcwd())
chdir("d:/Python 学习")
print("当前工作路径为:",getcwd())
_exit
```

运行结果:

```
当前工作路径为:c:\Users\Administrator
当前工作路径为:d:\Python 学习
<function nt._exit(status)>
```

4.6.4 自定义模块

自定义模块是开发人员在编程过程中自行编写的、存放功能性代码的.py文件。下列介绍自定义模块的创建和使用。

举例:创建一个可以含有变量和函数的模块后,导入使用该模块中的变量和函数。

代码实现:

把以下代码定义成一个模块,存为D:\Python学习\pryear.py。

```
year =2023
def printyear():
    print("今年是%d年"% year)
```

然后,导入pryear模块,并使用该模块中的printyear函数。

```
import sys
sys.path.append("D:\Python 学习")
import pryear
print(pryear.printyear())
```

运行结果:

```
今年是2023 年
```

注意：如果模块的存储路径不在模块的搜索路径列表中，系统就会提错，不识别该模块，这种情况下，可先用 sys. path. append("D:\Python 学习")将路径"D:\Python 学习"添加到搜索路径列表中，然后再导入和使用。

4.6.5 包

为了更好地组织 Python 代码，开发人员通常会根据不同业务将模块进行归类划分，并将功能相近的模块放到同一级目录下。如果想要导入该目录下的模块，就需要先导入包。

Python 中的包是一个包含_init_. py 文件的目录，该目录下还包含一些模块和子包。

包的导入和模块的导入类似，也可使用 import 和 from…import 两种方式。用前者导入的包，在使用包中的模块中的函数时，需要加包名作为前缀，例如：包名 . pryear. printyear( )。

4.6.6 第三方模块

程序开发时，不仅需要使用大量的标准模块，根据业务需求，可能还会使用第三方模块（也称为第三方库）。安装了 Anaconda，就相当于把数十个常用的第三方模块自动安装好了，可以直接导入模块并使用其中的对象。常用的第三方模块有 NumPy、Pandas、Matplotlib 和 Scrapy 等。NumPy 是使用 Python 进行科学计算所需的基础包。Pandas 是一个强大的分析结构化数据的工具集，基于 NumPy 扩展而来，提供了一批标准的数据模型和大量便捷处理数据的函数和方法。Matplotlib 是一个 Python 2D 绘图库，可以生成各种可用于出版品质的硬拷贝格式和跨平台交互式环境数据。Scrapy 是很强大的爬虫框架，用于抓取网站，并从其页面中提取结构化数据。

这些第三方库的使用参见"模块十 综合项目实战"中案例。

实例 16 用模块实现普通计算器功能。

实例目标：掌握函数和模块的使用。

实例内容：用模块实现普通计算器功能。如果定义一个模块，模块包括四个分别实现两个数加、减、乘、除功能的函数，导入模块后，使用模块相应的函数进行运算。

微课视频

代码实现：

先定义模块 calculator. py，保存在"D:\Python 学习"路径下。

```python
def add(x, y):
    return x + y
def subtract(x, y):
    return x - y
def multiply(x, y):
    return x * y
def divide(x, y):
    return x / y
```

再导入 calculator，使用模块相应的函数进行运算。

```
import calculator
#用户输入
print("选择运算:")
print("1、相加")
print("2、相减")
print("3、相乘")
print("4、相除")
choice = input("输入你的选择(1/2/3/4):")
num1 = int(input("输入第一个数字:"))
num2 = int(input("输入第二个数字:"))
if choice == '1':
    print(num1," + ",num2," = ", calculator.add(num1,num2))
elif choice == '2':
    print(num1," - ",num2," = ", calculator.subtract(num1,num2))
elif choice == '3':
    print(num1," * ",num2," = ",calculator.multiply(num1,num2))
elif choice == '4':
    print(num1,"/",num2," = ", calculator.divide(num1,num2))
else:
    print("非法输入")
```

运行结果:

```
选择运算:
1、相加
2、相减
3、相乘
4、相除
输入你的选择(1/2/3/4):3
输入第一个数字:3
输入第二个数字:5
3 * 5 =15
```

注意: 如果模块的存储路径不在模块的搜索路径列表中,系统提错,请用4.6.4案例中的方法处理。

模块总结

本模块主要介绍了函数与模块化程序,函数的内容包括:函数的定义与调用、函数的参数传递、变量作用域、递归函数、常用的内置函数,代码复用与模块化程序设计的内容包括:模块化的程序设计思想,模块的定义、分类、导入和使用,常用的标准模块和第三方模块的使用,以及包的理解。养成"模块"思维逻辑和"他山之石,可以攻玉"的思维习惯,进而拥有使用各种资源编写程序解决问题的能力。

模块测试

知识测试

一、单选题

1. 下列选项中，描述 random( ) 表示的范围正确的是 （   ）。

A. 0 < n < 1.0   B. 0 ≤ n ≤ 1.0   C. 0 ≤ n < 1.0   D. 0 < n ≤ 1.0

2. 下列选项不是 Python 定义函数时的必要部分的是 （   ）。

A. def   B. ( )   C. return 语句   D. 以上全部

3. 下面引入模块的方式中，错误的是 （   ）。

A. import math   B. from math import sqrt

C. from math import *   D. from sqrt import math

二、填空题

1. Python 标准库中自带的函数称为_____函数，用户自己编写的函数称为_____函数。

2. 定义函数时，函数名后小括号中的参数为_____；调用函数时，函数名后小括号中的参数为_____。

3. 根据不同的传递形式，函数的参数可分为位置参数、_____、默认参数和不定长参数。

4. 变量的_____指变量的作用范围，根据作用范围，Python 中的变量分为_____和_____。

5. 如果一个函数调用了自身，这个函数就是_____。

三、判断题

1. 定义函数时，带有默认值的参数一定要位于参数列表的末尾位置，否则，程序会报错。

2. 函数可以提高代码的复用率。

3. 定义好的函数直到被程序调用时才会执行。

4. 函数的位置参数有严格的位置关系。

5. 第三方模块是由非官方制作发布的、供大众使用的 Python 模块，在使用之前需要开发人员先自行安装。

四、综合题

1. 请阅读下面的程序，然后填空。

```python
def fun():
    a = 5
    b = 10
a = 20
b = 30
fun()
print(a,b)
```

程序运行结果为_____。

2. 请阅读下面的程序，然后填空：

```
def fun1(a,b=2):
    print("a is % s,b is % s"% (a,b))
fun1(1,3)
```

程序运行结果为_____。

3. 什么是局部变量？什么是全局变量？请简述它们之间的区别。

4. 什么是函数的返回值？

技能测试

基础任务

自定义一个函数可以实现随机产生的三个[1,10]之间的整数，进行求和，并调用此函数。

拓展任务

1. 编写递归函数，用于求一个自然数中所有数字的和。（提示，可以用一个自然数进行测试，比如909090。）

2. 定义一个模块judge.py，里边包括一个自定义函数leapyear( )，用于判断输入的年份是否是闰年，具体要求如下：

（1）定义一个模块judge.py，存到"D:\Python学习"文件夹下。

（2）导入模块judge.py。

（3）从键盘输入一个四位年份。

（4）输出判断结果：若是闰年，则输出"是闰年"；否则，输出"不是闰年"。

学习效果评价

序号	评价内容	个人自评	同学互评	教师评价
1	能够定义和调用函数			
2	能够正确定义和使用形参、实参、返回值			
3	能够使用递归函数			
4	能够使用常用的内置函数和标准库函数解决问题			
5	工匠精神：熟悉编程规范、代码命名规范，有详细、规范的注释			
6	举一反三：能根据所学的知识解决实际问题			
7	团队合作：与组员分工合作，解决所遇问题			
8	创新精神：不拘泥于固定思维，编程有创新			

续表

序号	评价内容	个人自评	同学互评	教师评价
评价标准				
A：能够独立完成技能测试，熟练掌握，灵活运用，有创新				
B：能够独立完成				
C：不能够独立完成，需在提示、帮助或指导下完成				
项目综合评价：>6 个 A，认定为优秀；4~6 个 A，认定为良好；<4 个 A，认定为及格				

第二部分　Python 语言进阶

模块五

列表与元组

知识目标

1. 认识列表和元组的数据结构，理解它们之间的联系和区别；

2. 掌握列表和元组的定义与调用，掌握列表和元组的常见操作；

3. 掌握嵌套列表的使用；

4. 掌握列表常用方法的使用。

能力目标

在程序设计中，根据应用需要，能灵活使用列表、元组表示和处理数据。

素质目标

1. 培养学生动手能力和探索精神；

2. 培养学生精益求精的工匠精神；

3. 培养学生团队协作能力和交流沟通能力；

4. 培养学生的民族责任感、社会责任感和家国情怀。

思政点融入

1. 列表的创建与访问——引导学生利用实例知识解决工作与生活中的实际问题，培养学生积极思考、开拓新知、探索创新的能力；

2. 列表的遍历与排序——通过案例，引导学生成长成才，践行社会主义核心价值观，激发学生科技报国的家国情怀和使命担当；

3. 元组实例——培养学生科学严谨的学习、工作以及生活态度。

任务5.1　求成绩低于平均分的人数——列表的创建和访问

【任务描述】读取 5 个 0 ~ 100 之间的成绩，求出其中成绩低于平均分的人数。

【任务分析】可以把 5 个成绩存储在一个列表中，并且通过一个单独的列表变量来访问它们。

微课视频

【任务实施】在程序中，首先需要创建一个空列表，然后重复输入 5 个学生成绩并将其追加给列表，随后计算累加值并且求出平均分。最后把列表中的每一个成绩与平均值进行对比，用于统计低于平均值的人数。

代码实现：

```
num = 5
list1 = []
sum = 0
for i in range(num):
    value = eval(input("请输入一个 0 - 100 之间的成绩:"))
    list1.append(value)
    sum + = value
ave = sum /num
print(list1)
count = 0
for i in range(num):
    if list1[i] < ave:
        count + = 1
print("平均成绩为:",ave)
print("低于平均成绩的有:",count,"人")
```

运行结果：

```
请输入一个 0 - 100 之间的成绩:87
请输入一个 0 - 100 之间的成绩:65
请输入一个 0 - 100 之间的成绩:78
请输入一个 0 - 100 之间的成绩:45
请输入一个 0 - 100 之间的成绩:92
[87,65,78,45,92]
平均成绩为:73.4
低于平均成绩的有:2 人
```

【任务相关知识链接】完成该任务需要的知识介绍如下：

列表是 Python 中最基本、最常用的数据结构，一个列表可以存储任意大小的数据集合。列表能通过一个变量存储多个数据值，并且数据类型可以不同。类似于其他语言中的数组，但功能比数组强大得多。

列表是可变的，可以在列表中添加、修改或者删除某个元素，还可以利用切片分割截取列表中的元素，列表没有长度限制。同时，Python 中内置了很多函数或方法来操作列表，包括计算列表长度、最大值、最小值等。

5.1.1　列表的创建

创建一个列表，需要使用方括号（[ ]）把所有元素括起来，元素之间用逗号分隔。下面来创建几个列表：

```
list1 = []#创建一个空列表
list2 = [1, 2, 3] #创建一个包含整数 1,2,3 的列表
list3 = ["ab", "bc", "cd"] #创建一个包含字符串"ab", "bc", "cd"的列表
list4 = ["python", 2, 6] #创建一个包含不同类型元素的列表
```

创建一个列表，也可以使用内置函数 list( )，如下所示：

```
list1 = list()#创建一个空列表
list2 = list([1,2,3])#创建一个包含整数 1,2,3 的列表
list3 = list(["ab","bc","cd"])#创建一个包含字符串"ab","bc","cd"列表
list4 = list(["python",2,6])#创建一个包含不同类型元素的列表
list5 = list([range(4)])#创建一个包含 0,1,2,3 的列表
```

5.1.2　访问列表

列表属于有序序列，用户可以使用下标索引来访问列表中的值。列表支持双向索引。可以从前往后使用 0 开始的正向索引或者从后往前使用 −1 开始的逆向索引来标注元素位置。

举例：分别使用正向索引、逆向索引访问列表 list1。

代码实现：

```
list1 =[1,2,3,4,5]
#接下来输出列表的元素
print(list1[0],list1[1],list1[2],list1[3],list1[4])
print(list1[ -1],list1[ -2],list1[ -3],list1[ -4],list1[ -5])
```

运行结果：

```
1 2 3 4 5
5 4 3 2 1
```

注意：列表访问中一个常见的错误是越界访问列表，将引发"IndexError"错误，为了避免这种错误，要确保没有使用超出 len(list1) −1 和小于 −len(list1) 的下标。

5.1.3　列表的切片

切片用来获取列表中的部分元素，可以在列表中使用方括号形式的切片功能来截取子列表。切片的语法格式：

```
对象名[m:n]
```

功能：截取从 m 表示的索引开始到 n −1 表示的索引为止的所有元素所组成的子列表，m 和 n 取值不同时，切片含义见表 5 −1。

表 5 −1　m、n 取值不同时的切片含义

切片语句	含　　义
list1[m:n]	得到一个索引从 m 开始到 n −1 为止的元素所构成的子列表
list2[:]	得到一个与 list2 一样的新列表
list3[m:]	得到一个索引从 m 开始到列表末尾所有元素组成的子列表
list4[:n]	得到一个从索引 0 开始到索引 n −1 为止的元素组成的子列表

举例：切片的应用（正向索引）。

代码实现：

```
list1 =[1,2,3,4,5,6,7,8]
print(" list1[1:5]:",list1[1:5])
print(" list1[2:]:",list1[2:])
print(" list1[:4]:",list1[:4])
```

运行结果：

```
list1[1:5]:  [2,3,4,5]
list1[2:]:  [3,4,5,6,7,8]
list1[:4]:  [1,2,3,4]
```

当然，也可以在截取的过程中使用负数下标。

举例：切片的应用（逆向索引）。

代码实现：

```
list1 =[1,2,3,4,5,6,7,8]
print(" list1[1:-3]:",list1[1:-3])
print(" list1[-4:-1]:",list1[-4:-1])
```

运行结果：

```
list1[1:-3]:  [2,3,4,5]
list1[-4:-1]:  [5,6,7]
```

任务 5.2　电影票房排序——列表的遍历与排序

【任务描述】用列表存储近期电影的票房信息，通过列表的排序功能对电影的售票总金额进行排序，然后再利用列表的遍历功能遍历该列表。

【任务分析】Python 的列表要存储电影票房信息需要包括两个部分：电影名称和售票数量，所以需要建立一个嵌套列表，即列表里面元素又是一个列表。列表的排序有多种方法，采用 sort( )方法对票房的售票金额进行排序，最后使用 for 循环遍历该列表。

微课视频

【任务实施】由于用列表的第一个值表示电影名称，第二个值表示卖出的票数，所以，需要使用 lambda x：– x[1]来表示按第二个关键词的排列，前面的负号表示降序。

代码实现：

```
# 列表 L 里面又包含有列表,称为嵌套列表。在下一节详细讲解。
L =[['我和我的祖国',89],['流浪地球 2',35],['长津湖',47],['战狼',30]]
# –x[1]表示按第二个关键词的排列,前面的负号表示降序
L.sort(key =lambda x: -x[1])
for v in L:
    print(v)
```

运行结果：

```
['我和我的祖国',89]
['长津湖',47]
['流浪地球2',35]
['战狼',30]
```

【任务相关知识链接】完成该任务需要的知识介绍如下：

列表是有序的，可以用之前学过的 for 循环遍历它，然后输出列表中的每一个值，也可以根据需求对列表进行排序。

5.2.1 列表的遍历

除了通过索引访问列表中的某个元素外，还可以通过循环结构遍历列表中的所有元素。例如：

```
for v in mylist:
    print(v)
```

意思是输出 mylist 中的每个元素。

举例：列表的遍历。

代码实现：

```
mylist1 = ['001', 'Tom', 5.4,'猴子','2023 - 3', 400]
for item in mylist1:
    print(item, end = '')
```

运行结果：

```
001 Tom 5.4 猴子 2023 - 3 400
```

5.2.2 列表的排序

列表排序方法有三种：reverse( )、sort( )、sorted( )。

reverse( )方法将列表中元素反转排序。sort( )是内置的一个排序方法，可以对原列表进行排序。sorted( )内置函数会从原列表构建一个新的排序列表，而不会改变原始列表。

1. reverse( )方法

举例：将列表中的元素反转排序。

代码实现：

```
list1 = [1,5,2,3,4]
list1.reverse()
print(list1)
```

运行结果：

```
[4,3,2,5,1]
```

注意：列表反转排序是把原列表中的元素顺序从左至右反转过来重新存放，而不会对列表中的参数进行排序整理。如果需要对列表中的参数进行整理，就需要用到列表的另一种排序方式—— sort 正序排序。

2. sort( )排序方法

此方法对列表内容进行正向排序，排序后的新列表会覆盖原列表（id 不变），也就是直接修改原列表的排序方法。

举例：使用 sort( )方法排序。

代码实现：

```
list1 =[6,7,10,4,2,1,11]
list1.sort()
print(list1)
```

运行结果：

```
[1, 2, 4, 6, 7, 10, 11]
```

3. sorted( )方法

既可以保留原列表，又能得到已经排序好的列表。

举例：使用 sort( )方法对列表进行排序。

代码实现：

```
list2 =[5,7,6,3,4,1,2]
list3 =sorted(list2)
print(list2)
print(list3)
```

运行结果：

```
[5, 7, 6, 3, 4, 1, 2]
[1, 2, 3, 4, 5, 6, 7]
```

注意：sorted( )方法可以用在任何数据类型的序列中，返回的总是一个列表形式。

代码实现：

```
list4 =sorted("I like python")
print(list4)
```

运行结果：

```
[' ',' ','I','e','h','i','k','l','n','o','p','t','y']
```

任务5.3　通讯录管理——列表的常见操作和嵌套列表

【任务描述】利用列表构建一个学员的通讯录，可以实现学员信息的添加、查询、删除等操作。学员的信息包括学号、姓名、联系方式。

【任务分析】由于要存储多个学员的信息，需要构建一个嵌套的列表来存储，同时，需要使用列表的添加、遍历和删除等操作对学员信息进行增删查改。

微课视频

【任务实施】首先创建一个名字为 student 的空列表，然后录入学生的信息，并且对这些信息进行增删查改。

代码实现：

```python
print("欢迎使用通讯录管理系用 V1.0")
print("[1]增加学员信息")
print("[2]显示学员信息")
print("[3]删除学员信息")
print("[4]退出系统")
print(" -------------------------- ")
students =[]    #添加一个列表,名字是 student
while True:
    n = int(input("请输入你想执行的功能:"))#功能选择
    if n = =1:  #打开录入功能
        code = input("请输入要录入的学生的学号:")     #单条信息
        name = input("请输入要录入的学生的姓名:")     #单条信息
        tel  = input("请输入要录入的学生的电话:")     #单条信息
        sdt =[code,name,tel] #串,一串一个人
        students.append(sdt)  #将串放入列表中
        print(students)              #将刚刚输入并被编成串的信息打印(显示)在屏幕上
    if n = =2 : #打开查找功能
        h = input("请输入你想显示的学员的学号:")  #温馨提示语
        for i in range(len(students)):  #在大列表 students 中遍历所有内容
            if students[i][0] = = h:  #如果遍历的所有嵌套列表中有学号等于输入的数字
                print("学号:",students[i][0]," \n 姓名:",students[i][1]," \n 电话:",students[i][2])
    if n = =3:  #打开删除功能
        h = input("请输入你想删除的学员的学号:")  #温馨提示语
        for i in range(len(students)):  #在大列表 students 中遍历所有嵌套列表
            if students[i][0] = = h:  #如果遍历的所有嵌套列表中有学号等于输入的数字
                del students[i]
                break
        print("删除成功")
        print(students)
    if n = =4:
        print("退出成功,感谢您使用通讯录系统")
        break
```

运行结果：

```
欢迎使用通讯录管理系用 V1.0
[1]增加学员信息
[2]显示学员信息
[3]删除学员信息
[4]退出系统
---------------------------------------------------
请输入你想执行的功能:1
请输入要录入的学生的学号:1
请输入要录入的学生的姓名:张珉
请输入要录入的学生的电话:18182698985
[['1', '张珉', '18182698985']]
请输入你想执行的功能:1
请输入要录入的学生的学号:2
请输入要录入的学生的姓名:李梓元
请输入要录入的学生的电话:17859655665
[['1', '张珉', '18182698985'], ['2', '李梓元', '17859655665']]
请输入你想执行的功能:1
请输入要录入的学生的学号:3
请输入要录入的学生的姓名:王一丁
请输入要录入的学生的电话:13698758899
[['1', '张珉', '18182698985'], ['2', '李梓元', '17859655665'], ['3', '王一丁''13698758899']]
请输入你想执行的功能:2
请输入你想显示的学员的学号:2
学号:2
姓名:李梓元
电话:17859655665
请输入你想执行的功能:3
请输入你想删除的学员的学号:2
删除成功
[['1', '张珉', '18182698985'], ['3', '王一丁', '13698758899']]
请输入你想执行的功能:4
退出成功,感谢您使用通讯录系统
```

【任务相关知识链接】完成该任务需要的知识介绍如下：

使用列表的时候需要用到很多方法，例如查找元素、增加元素、删除元素、修改和更新列表等。本节分别介绍列表的常见操作、嵌套列表。

5.3.1 列表的常见操作

1. 列表的添加和更新

可以使用 append( )方法在列表末尾添加元素。

举例：把元素 2022 添加到列表的末尾。

代码实现：

```
list1 =['English','Math', 2023, 2021]
list1.append(2022)
print(list1)
```

运行结果：

```
['English','Math',2023,2021,2022]
```

也可以对列表的数据项进行修改或更新。

举例：把列表第二个元素值改为'Chinese'。

代码实现：

```
list1[1] ='Chinese'
print(list1)
```

运行结果：

```
['English','Chinese',2023,2021]
```

2. 列表的删除

删除列表元素有三种方法：del 语句、remove( )方法、pop( )方法。

（1）使用 del 语句删除列表中的元素。

举例：删除索引为 1 的元素。

代码实现：

```
list1 =['English','Math',2023,2021]
print(list1)
del list1[1]
print(" 删除后的列表为:",list1)
```

运行结果：

```
['English','Math',2023,2021]
删除后的列表为:['English',2023,2021]
```

（2）使用 remove(x)方法删除列表中第一次出现的 x。

举例：用 remove(x)方法删除列表中第一次出现的某元素。

代码实现：

```
list1 =['English',2023,'Math',2023,2021]
print(list1)
list1.remove(2021)
list1.remove(2023)   #删除第一次出现的元素2023
print(" 删除后的列表为:",list1)
```

运行结果：

```
['English',2023,'Math',2023,2021]
删除后的列表为:['English','Math',2023]
```

（3）使用 pop( )方法删除列表中指定位置的元素，无参数时，删除最后一个元素。

举例：使用 pop( )方法删除列表中指定位置的元素。

代码实现：

```
list1 =['English','Math',2023,2021]
print(list1)
list1.pop(2)  #删除位置2 的元素2023
list1.pop()  #删除最后一个元素2021
print("删除后的列表为:",list1)
```

运行结果：

```
['English','Math',2023,2021]
删除后的列表为:['English','Math']
```

5.3.2　嵌套列表

Python 中支持嵌套列表，即列表中的元素也是列表，也称多维列表。

举例：生成一个嵌套列表。

代码实现：

```
a =["Tom",90,87,75]
b =["Marry",88,90,71]
c =["Kate",90,81,66]
list1 =[a,b,c]
print(list1)
```

运行结果：

```
[['Tom',90,87,75],['Marry', 88,90,71],['Kate',90,81,66]]
```

上例中，list1 就是一个二维列表，其中每个元素本身又是一个列表。二维列表比一维列表多一个索引，可以用如下方式获取元素。

```
列表名[索引1][索引2]
```

例如：print(list1[0][2])　#获取 Tom 的第2 门课成绩，输出值为：87。

任务5.4　利用列表推导式实现九九乘法表——列表的内置函数和方法

【任务描述】使用列表推导式输出九九乘法表。

【任务分析】根据题目要求，设计具有两个变量的双层列表推导式语句。变量 i 用于控制乘号左边的数字，变量 j 用于控制乘号右边的数字。

【任务实施】使用两层 for 循环，其中内层列 j 使用 join 的空格连接，外层

微课视频

行 i 使用 join 的换行连接。

代码实现：

```
print('\n\n'.join([' '.join(["{}x{} ={}".format(j, i, i * j)for j in range(1, i+1)])for i in range(1, 10)]))
```

运行结果：

```
1 ×1 =1
1 ×2 =2   2 ×2 =4
1 ×3 =3   2 ×3 =6   3 ×3 =9
1 ×4 =4   2 ×4 =8   3 ×4 =12  4 ×4 =16
1 ×5 =5   2 ×5 =10  3 ×5 =15  4 ×5 =20  5 ×5 =25
1 ×6 =6   2 ×6 =12  3 ×6 =18  4 ×6 =24  5 ×6 =30  6 ×6 =36
1 ×7 =7   2 ×7 =14  3 ×7 =21  4 ×7 =28  5 ×7 =35  6 ×7 =42  7 ×7 =49
1 ×8 =8   2 ×8 =16  3 ×8 =24  4 ×8 =32  5 ×8 =40  6 ×8 =48  7 ×8 =56  8 ×8 =64
1 ×9 =9   2 ×9 =18  3 ×9 =27  4 ×9 =36  5 ×9 =45  6 ×9 =54  7 ×9 =63  8 ×9 =72  9 ×9 =81
```

【任务相关知识链接】完成该任务需要的知识介绍如下：

列表推导式是 Python 语言特有的一种语法结构，也可以看成是 Python 中独特的数据处理方法。列表推导式常用来优化简单的循环。列表推导式还支持嵌套。

5.4.1　列表中常用内置函数

Python 列表内置函数是把列表对象作为函数的参数，见表 5 - 2。假设列表名为 list1 = [1,2,3,4,5]。

表 5 - 2　列表中常用内置函数

函数	实例	结果	功能
len(List)	print(len(list1))	5	计算列表元素个数
max(List)	print(max(list1))	5	返回列表元素最大值
min(List)	print(min(list1))	1	返回列表元素最小值
sum(List)	print(sum(list1))	15	列表中所有元素求和

5.4.2　列表的常用方法

Python 列表的方法是通过列表对象名 . 方法名（参数表）的形式来调用的，见表 5 - 3。

表 5 - 3　Python 列表中的常用方法

方　　法	功　　能
list. append(obj)	在列表末尾添加新的对象
list. count(obj)	统计某个元素在列表中出现的次数
list. extend(seq)	在列表末尾一次性追加另一个序列中的多个值(用新列表扩展原来的列表)

续表

方　　法	功　　能
list. index(obj)	从列表中找出某个值第一个匹配项的索引位置
list. insert(index,obj)	将对象插入列表

举例：列表常用方法的实例。

代码实现：

```
list1 =[2,4,4,6,8,4,20]
list2 =[30,15]
list1.append(12)
print(list1)#把元素 12 添加到列表的结尾
print(list1.count(4))#统计元素 4 在列表中出现的次数
list1.extend(list2)#将 list2 的所有元素追加到 list 中
print(list1 )
print(list1.index(4))#返回元素 4 在列表中第一次出现的下标
list1 .insert(3,12)#把 12 添加到索引 3 的位置
print(list1)
```

运行结果：

```
[2,4,4,6,8,4,20,12]
3
[2,4,4,6,8,4,20,12,30,15]
1
[2,4,4,12,6,8,4,20,12,30,15]
```

5. 4. 3　列表推导式

Python 的强大特性之一是对 list 的解析。通过对 list 中的每个元素应用一个函数进行计算，将一个列表映射为另一个列表。

列表解析又叫列表推导式，比 for 更精简，运行更快，特别是对于较大的数据集合。以定义方式得到列表，通常要比使用构造函数创建这些列表更清晰。

列表推导式的基本语法格式如下：

```
[ <表达式> for <变量> in <列表>
```

或

```
[ <表达式> for <变量> in <列表> if <条件>]
```

其功能是将表达式应用到每个变量上，为新的列表创建一个新的数据值。表达式可以是任何运算表达式，变量是列表中遍历的元素的值。

举例：简单的列表推导式。

代码实现：

```
t = [x for x in range(1,10)]
print(t)
t = [x * x for x in range(1,10)]
print(t)
```

运行结果：

```
[1,2,3,4,5,6,7,8,9]
[1,4,9,16,25,36,49,64,81]
```

举例：两次循环。

代码实现：

```
t = [x for x in range(1,5)]
s = [x for x in range(5,8)]
print(t)
print(s)
print([x * y for x in t for y in s])
```

运行结果：

```
[1,2,3,4]
[5,6,7]
[5,6,7,10,12,14,15,18,21,20,24,28]
```

任务5.5　将输入的阿拉伯数字转换为中文数字——元组

【任务描述】实现将阿拉伯数字转换为中文大写数字的功能。

【任务分析】当使用阿拉伯数字计数时，可以将某些数字不露痕迹地改为其他数字，比如"3"可以被修改为"8"。为了避免这些问题，可以使用中文的大写数字替换阿拉伯数字。

微课视频

【任务实施】创建包含有大写数字字符的元组，利用 input( ) 获取用户输入的阿拉伯数字，再利用 for 循环找出这些阿拉伯数字对应的大写中文字符，并输出。

代码实现：

```
unum = ('零','壹','贰','叁','肆','伍','陆','柒','捌','玖')
num = input('输入阿拉伯数字:')
last_list = list()          #中文大写数字列表
number_list = list()        #阿拉伯数字列表
#把每一个输入的阿拉伯数字追加到 number_list 列表中
for i in num:
    number_list.append(int(i))
#把每一个阿拉伯数字对应的中文大写数字追加到 last_list 列表中
```

```
for a in range(len(number_list)):
    last_list.append(unum[number_list[a]])
print(''.join(last_list))     #将中文大写数字列表中的元素连接成一个字符串
```

运行结果：

```
输入阿拉伯数字:789
柒捌玖
```

【任务相关知识链接】完成该任务需要的知识介绍如下：

元组与列表类似，但是元组中的元素是固定的，一旦一个元组被创建，就无法对元组中的元素进行添加、删除、替换或重新排序。可以理解为元组是只读的列表。元组中的元素必须是各类不可变类型数据。

除此之外，列表中的其他函数和方法对元组同样适用。元组可以当成一个独立的对象使用，也可以通过索引方式引用其他任何元素。元组比列表效率更高。

5.5.1 元组的创建

元组是用一对圆括号括起来的一个序列，元素之间用逗号分隔。
例如：

```
t1 = ()#创建一个空的元组
t2 = (1,2,3,4,5)#创建包含整数 1,2,3,4,5 的元组
t3 = ("a","b","c","d")#创建包含字符串 a,b,c,d,的元组
t4 = ('English','Math', 2023, 2021)#创建一个包含不同数据的类型的元组
t5 = (50,)#元组中只有一个元素时,需要在后面加逗号
```

5.5.2 元组的访问

可以使用下标索引来访问元组中的值。
举例：元组的访问。
代码实现：

```
tup1 = ('English','Math', 2023, 2021)
tup2 = (1,2,3,4,5,6,7)
print("tup1[0]:", tup1[0])#输出元组的第一个元素
print("tup2[1:5]:",tup2[1:5])#切片,输出从第二个元素开始到第五个元素
print(tup2[2:])#切片,输出从第三个元素开始的所有元素
print(tup2 * 2)   #输出元组两次
```

运行结果：

```
tup1[0]:  English
tup2[1:5]:  (2,3,4,5)
(3,4,5,6,7)
(1,2,3,4,5,6,7,1,2,3,4,5,6,7)
```

注意：元组的元素只能读，不能修改。

5.5.3　元组的遍历

和列表一样，可以使用 for 循环或者 while 循环来遍历元组中的元素。

举例：元组的遍历。

代码实现：

```
tuple = ('Python','英语','高等数学')
print('for 循环遍历元组:')
for item in tuple:
    print(item)
print('while 循环遍历元组:')
length = len(tuple)
i = 0
while i < length:
    print(tuple[i])
    i + =1
```

运行结果：

```
for 循环遍历元组:
Python
英语
高等数学
while 循环遍历元组:
Python
英语
高等数学
```

5.5.4　元组的常见操作

1. 元组的连接

元组中的元素值是不允许修改的，但可以对元组进行连接组合。

举例：元组的连接。

代码实现：

```
tup1 = (12,34,56)
tup2 = (78,90)
tup3 = tup1 + tup2 #连接元组,创建一个新的元组
print(tup3)
```

运行结果：

```
(12, 34, 56, 78, 90)
```

2. 元组的删除

元组中的元素是不允许删除的，但可以使用 del 语句删除整个元组。

举例：元组的删除。

代码实现：

```
tup1 = ('English','Math', 2023 , 2021)
print(tup1)
del tup1
print("删除 tup1 后:")
print(tup1)
```

运行结果：

```
('English','Math',2023,2021)
删除 tup1 后:

NameError                      Traceback(most recent call last)
Cell In[26],line 5
     3 del tup1
     4 print("删除 tup1 后:")
——>5 print(tup1)
NameError:name 'tup1' is not defined
```

3. 元组与列表的转换

因为元组的元素是固定的，所以可以将元组转换为列表，用来修改数据。列表、元组可以使用 tuple( ) 和 list( ) 互相转换。

举例：元组与列表的转换。

代码实现：

```
tup = (1,2,3,4,5)
list1 = list(tup)#元组转换为列表
print(list1)
list1 = [1,3,5,7,9,11,13]
tup1 = tuple(list1)#元组转换为列表
print(tup1)
```

运行结果：

```
[1,2,3,4,5]
(1,3,5,7,9,11,13)
```

实例 17　根据花色和数字生成一副扑克牌

【实例目标】掌握列表的创建、列表推导式及列表的应用。

【实例内容】创建一副 52 张的扑克牌，包含黑桃、红桃、方块、梅花四种花色，每种花色对应 13 张牌。洗牌之后随机抽取 6 张。

代码实现：

微课视频

```
deck = [x for x in range(52)]
suits = ["黑桃","红桃","方块","梅花"]
ranks = ["A","2","3","4","5","6","7","8","9","10","J","Q","K"]
import random
random.shuffle(deck)#随机洗牌
for i in range(6):
    suit = suits[deck[i]//13]
    rank = ranks[deck[i]% 13]
    print("第",deck[i],"张牌是",suit,rank)
```

运行结果是：

```
第 9 张牌是黑桃 10
第 32 张牌是方块 7
第 8 张牌是黑桃 9
第 50 张牌是梅花 Q
第 23 张牌是红桃 J
第 4 张牌是黑桃 5
```

模块总结

本模块主要介绍了 Python 中列表和元组的基础知识，包括列表与元组的创建和访问、列表与元组的常见操作、列表与元组的常用内置函数和方法、嵌套列表和列表推导式等内容。学生可通过模块任务认识列表和元组的数据结构，理解它们之间的联系和区别；通过实例，激发学习兴趣；学会用所学知识解决工作与生活中的实际问题；积极思考，开拓新知，探索创新，培养科学、严谨的工作态度。

模块测试

知识测试

一、单选题

1. [2,4,6] + [7,8,9]的结果是（　　）。

A. [12][24]　　　　　　　　　　B. [2,4,6] [7,8,9]

C. [36]　　　　　　　　　　　　D. [2,4,6,7,8,9]

2. 假设有这样的一个示例：

```
types = ['娱乐','体育','科技']
```

在使用列表时，以下选项会引起索引错误的是（　　）。

A. types[-1]　　　　　　　　　B. types[-2]

C. types[0]　　　　　　　　　　D. types[3]

3. 在以下关于 Python 列表的描述中，错误的是（　　　）。

A. 列表不可以修改　　　　　　　　　B. 列表不需要预先定义

C. 列表没有长度限定　　　　　　　　D. 列表中元素可以是不同类型

4. 列表 books =['钢铁是怎样炼成的','三体','昆虫记']，执行切片操作，以下代码输出错误的是（　　　）。

A. books[0:2]，输出：['钢铁是怎样炼成的','三体']

B. books[:2]，输出：['钢铁是怎样炼成的','三体']

C. books[1:]，输出：['钢铁是怎样炼成的','三体']

D. books[-2:]，输出：['三体','昆虫记']

5. 在下列 Python 元组的描述中，错误的是（　　　）。

A. 元组是不可变的

B. 元组中的元素可以是不同类型

C. 元组与列表仅仅是()与[]的不同，其他功能都是相同的

D. 元组是只读的列表

二、填空题

1. 列表、元组、字符串是 Python 的_____（有序、无序）序列。

2. _____是一个用 list 类定义的序列。

3. 越界访问列表会导致运行时出现一个_____错误。

4. 可以使用_____模块中的_____函数将一个列表中的元素打乱。

5. 可以使用_____循环来遍历列表中的所有元素。

6. 可以使用_____方法获取列表中一个元素的下标，使用_____方法来返回列表中元素的个数。

7. 可以使用_____和_____方法来对一个列表中的元素进行排序和翻转。

8. 可以使用_____作为固定列表来防止添加、删除或替换元素。

三、读程序填空

为保护环境，很多城市开始对垃圾实行分类，便于更好地进行处理。为了让大家了解垃圾的分类情况，建立了四类列表：list1（可回收垃圾）、list2（有害垃圾）、list3（易腐垃圾），剩下的为其他垃圾，目前，列表中已经存储了以下数据。

```
list1 =["玻璃瓶","旧书","金属","纸板箱","旧衣服","易拉罐"]
list2 =["胶片","消毒水","纽扣电池","水银温度计","过期药水","泡沫塑料"]
list3 =["动物内脏","菜叶菜梗","过期食品","香蕉皮","果壳"]
```

根据现有列表，完成以下问题：

（1）写出从列表 list3 中取出"过期食品"的表达式：

_____

（2）写出从 list1 中截取["旧书","金属","纸板箱"]这一段的表达式：

_____

（3）现又发现一个新的列表如下：list4 =［"过期化妆品","过期药品","杀虫剂"］，经过判断，里面存放的是有害垃圾，要将该列表中的元素添加到 list2 中，请写出相关的表达式：

_____

（4）小明在路上捡到了一个塑料瓶，判断为可回收垃圾，写出相关表达式，将塑料瓶添加到列表 list1 中：

_____

四、简答题

1. 列表和元组的区别是什么？

2. 简述元组的特性。

五、编程题

1. 写代码，有如下列表，按照要求实现每一个功能。

```
li =['red','green','blue']
```

（1）计算列表长度并输出；

（2）在列表中追加元素 "pink"，并输出添加后的列表；

（3）在列表的第 1 个位置插入元素 "yellow"，并输出添加后的列表；

（4）修改列表第 2 个位置的元素为 "white"，并输出修改后的列表；

（5）删除列表中的第 2 个元素，并输出删除的元素的值和删除元素后的列表；

（6）删除列表中的第 2~4 个元素，并输出删除元素后的列表；

（7）将列表所有的元素反转，并输出反转后的列表；

（8）使用 for、len、range 输出列表的索引；

（9）使用 for 循环输出列表的所有元素。

2. 写代码，有如下元组，请按照功能要求实现每一个功能。

```
tu =('red','green','blue')
```

（1）计算元组长度并输出；

（2）获取元组的第 2 个元素，并输出；

（3）获取元组的第 1~2 个元素，并输出；

（4）使用 for 输出元组的元素；

（5）使用 for、len、range 输出元组的索引。

技能测试

基础任务

1. 编写程序读取一个整数列表，然后逆序顺序显示。

2. 编写程序读取一行由一个半角空格分隔开的数字，然后显示不重复的数字（即如果一个数字出现多次，只显示它一次）。（提示：可用 list1 用来读取数字，添加 list1 数字到 list2。）

3. 输出元组 b 内 7 的倍数及个位是 7 的数。

b = (1，2，3，4，5，6，7，8，9，10，11，12，13，14，15，16，17)

有两个条件：(1) 元素是 7 的倍数；(2) 元素的个位是 7。

两者是与的关系。

4. 列表倒序。

a = [123,4567,12,3456]　输出 a = [3456,12,4567,123]

方法一：使用列表的 reverse() 函数，逆序输出元素。

方法二：使用字符串的切片，a[::-1]:表示逆序输出元素。

拓展任务

1. 假设列表 list_info = [["王芳","女",26],["张强","男",25],["刘兰","女",21],["开心","女",24],["刘佳豪","男",28]]，存放了某单位每个员工的基本信息（包括姓名、性别和年龄）。试编写程序，实现将用户要求的员工信息从列表删除。

(1) 需要删除的员工姓名由用户输入。

(2) 若用户输入的员工姓名在列表中存在，则执行删除操作；若不存在，则给出相应的提示。

(3) 程序可循环执行，当用户输入姓名为"0"时，循环结束。

2. 假设已有列表 lst_sides = [3,4,5,8,8,8,4,4,3]，依次存放了三个三角形的三条边长，试编写程序，利用海伦公式计算每个三角形的面积，并将结果存入列表 list1 中。

3. 学校举办朗读比赛，邀请了 10 位评委为每一名参赛选手的表现打分。假设列表 lst_score = [9,10,8,9,10,7,6,8,7,8]，存放了某一位参赛选手的所有评委打分。试编写程序，根据以下规则计算该参赛选手的最终得分：

(1) 去掉一个最高分；

(2) 去掉一个最低分；

(3) 最终得分为剩下 8 个分数的平均值。

学习效果评价

序号	评价内容	个人自评	同学互评	教师评价
1	能够灵活地使用列表			
2	能够灵活地使用元组			
3	能够进行列表的嵌套			
4	能够熟练地自由转换列表和元组			
5	工匠精神：熟悉编程规范、代码命名规范，有详细、规范的注释			
6	举一反三：能根据所学的知识解决实际问题			
7	团队合作：与组员分工合作，解决所遇问题			
8	创新精神：不拘泥于固定思维，编程有创新			
评价标准				
A：能够独立完成技能测试，熟练掌握，灵活运用，有创新				
B：能够独立完成				
C：不能够独立完成，需在提示、帮助或指导下完成				
项目综合评价：>6 个 A，认定为优秀；4~6 个 A，认定为良好；<4 个 A，认定为及格				

模 块 六

字典与集合

知识目标

1. 理解字典和集合的概念及特点；

2. 理解字典和集合的区别；

3. 掌握字典和集合的基本操作和使用。

能力目标

1. 能够熟练操作字典、集合；

2. 能够熟练使用字典、集合来解决实际问题。

素质目标

1. 养成良好的编码风格，代码书写规范；

2. 培养学生耐心细致、严谨踏实、精益求精的工作作风，养成良好的职业素养；

3. 培养学生遵纪守法的意识，正确使用所学技术；

4. 培养学生安全编程的意识，养成严格、完备的代码测试习惯。

思政点融入

身份证校验码计算——培养与提高学生的科学素养：实事求是的科学作风、严肃认真的工作态度、主动研究的探索精神。

任务 6.1　根据月份英文简称识别月份——字典

【任务描述】利用字典实现通过月份英文简称来识别月份全称。

【任务分析】首先，可以使用一个字典来存储英文月份的缩写和所对应的月份全称，然后使用 get( ) 获取月份的全称，之后输出。

【任务实施】创建包含月份的字典，利用 input( ) 获取用户输入的月份关键字，根据输入的关键字查找字典中匹配的月份并输出。

微课视频

代码实现：

```
month_dict = {'Jan':'January','Feb':'February','Mar':'March','Apr':'April','May':
'May','Jun':'June','Jul':'July','Aug':'August','Sep':'September','Oct':'October','Nov':
'November','Dec':'December'}
```

```
month_num = input("请输入月份简称:")
month_name = month_dict.get(month_num)
print("该月份对应的英文是:",month_name)
```

运行结果:

```
请输入月份简称:Feb
该月份对应的英文是:February
```

【任务相关知识链接】完成该任务需要的知识介绍如下:

Python 字典是一种可变容器模型，且可存储任意类型的对象，如字符串、数字、元组等。字典是 Python 中最强大的数据类型之一，也被称为关联数组或哈希表。哈希表又称为散列表，是根据键（Key）来直接访问存储在内存中的数据结构。也就是说，它通过计算一个关于键值的函数，将所需查询的数据映射到表中一个位置来访问记录，加快了查找速度。

6.1.1　字典的创建

字典中的每个元素称作项，由两部分组成：键和值。键和值中间用冒号分隔，键值对之间用逗号分隔，可以通过一对花括号将这些项括起来创建一个字典。

基本语法如下:

```
dic ={key1:value1, key2:value2}
```

注意：字典内的键必须是唯一的，但值则不必。值可以取任何数据类型，但键必须是不可变数据类型，如字符串、数字或元组。

举例：一个简单字典的案例。

代码实现:

```
dict1 ={'001':"李华",'002':"张三",'003':"王五"}
dict2 ={'Name':'Tom','Age':15}
dict3 ={}#创建一个空字典
print(dict1,dict2,dict3)
```

运行结果:

```
{'001':'李华','002':'张三','003':'王五'}{'Name': 'Tom', 'Age': 15} {}
```

6.1.2　字典的访问

访问字典里的值时，把相应的键放入方括号里。

举例：字典的访问。

代码实现:

```
dict1 = {'Name':'张三', 'Age':18, 'class':'23 网络一班'}
print("dict1['Name']:",dict1['Name'])
print("dict1['Age']:",dict1['Age'])
print(dict1.values())  #返回字典里的所有值
```

运行结果：

```
dict1['Name']:  张三
dict1['Age']:  18
dict_values(['张三',18,'23 网络一班'])
```

6.1.3　字典的常见操作

1. 字典的修改

添加一个项到字典中，语法如下：

```
dic [key] = value
```

举例：字典的修改。

代码实现：

```
dict1 = {'Name':'张三', 'Age':25, 'class':'23 网络一班'}
dict1['Age'] = 18 #修改字典中的值
dict1['School'] = "西安交通大学" #添加一项到字典中
print("dict1:",dict1)
```

运行结果：

```
dict1:{'Name':'张三','Age':18,'class':'23 网络一班','School':'西安交通大学'}
```

2. 删除字典中的项

使用 del 语句删除字典中的一个元素或整个字典。使用 clear( ) 方法清空字典里所有元素。

举例：字典的删除。

代码实现：

```
dict1 = {'Name':'张三', 'Age':18, 'class':'23 网络一班'}
del dict1['class'] #从字典中删除一项
print("删除 class 的 dict1:",dict1)
dict1.clear() #清除字典的内容
print("清除内容后的 dict1:",dict1)
del dict1 #删除字典
print("删除字典后的 dict1:",dict1)
```

运行结果：

```
删除 class 的 dict1：{'Name':'张三','Age': 18}
清除内容后的 dict1：{}
_____
NameError                    Traceback(most recent call last)
Cell In[7],line 7
    5 print("清除内容后的 dict1:",dict1)
    6 del dict1 #删除字典
—— >7 print("删除字典后的 dict1:",dict1)
NameError: name'dict1'is not defined
```

通过运行结果可以看出，执行删除字典后，输出字典时报错，显示字典已经不存在，代表字典已经被删除。

3. 字典的 in 和 not in 运算

用 in 或 not in 可以检测某个键是否在字典中。

举例：字典的 in 和 not in 运算。

代码实现：

```
dict1 = {'Name':'张三','Age':18,'class':'23 网络一班'}
print('Age' in dict1)
print('Name' not in dict1)
```

运行结果：

```
True
False
```

6.1.4　字典常用的方法

字典常用的方法见表 6 – 1。

表 6 – 1　字典常用方法

dict1. keys( )	返回一个列表，元素为字典中所有的 key
dict1. values( )	返回一个列表，元素为字典中所有的 value
dict1. items( )	以列表返回可遍历的（键，值）元组数组
dict1. get(key)	返回指定键的值，如果键不在字典中，默认无返回值
dict1. pop(key)	删除这个键对应的值并返回这个值，原字典改变

举例：字典常用的方法应用。

代码实现：

```
dict1 = {'Name':'张三','Age':18,'class':'23 网络一班'}
print(dict1.keys())
print(dict1.values())
```

```
print(dict1.items())
print(dict1.get('class'))
print(dict1.get('Gender'))
print(dict1.pop('Name'))
print(dict1 )
```

运行结果：

```
dict_keys(['Name','Age','class'])
dict_values(['张三',18,'23 网络一班'])
dict_items([('Name','张三'),('Age', 18),('class','23 网络一班')])
23 网络一班
None
张三
{'Age':18,'class':'23 网络一班'}
```

任务 6.2　合并两个书单，并去掉重复书名——集合

微课视频

【任务描述】利用两个集合存储两个书单，合并这两个书单，去除合并后重复的书名。

【任务分析】可以采用集合的内部方法 add( )方法和 update( )方法进行两个集合的合并操作。

【任务实施】因为集合可以自动去重，只需要使用 update( )方法就可完成合并。

代码实现：

```
BookList1 = set({'数据库原理','Java 程序设计','Web 前端开发'})
BookList2 = set({'J2EE 轻量级框架','Web 前端开发'})
BookList1.update(BookList2)
print(BookList1)
```

运行结果：

```
{'Java 程序设计','J2EE 轻量级框架','Web 前端开发','数据库原理'}
```

【任务相关知识链接】完成该任务需要的知识介绍如下：

集合是一个无序不重复的元素集。如果不关心元素顺序，集合比列表的效率更高。Python 中的集合分为可变集合（set）和不可变集合（frozenset）两种。顾名思义，可变集合（set），可以添加和删除元素；不可变集合（frozenset），不允许这样做。

集合内的数据没有先后关系，集合的基本功能是进行成员关系测试和删除重复元素，集合对象还支持并、交、差、对称差等操作。

6.2.1　集合的创建

可以使用({ })或者 set( )和 frozenset( )函数创建集合，注意创建一个空集合必须用 set( )

和 frozenset( )函数，而不是{}，因为{}用来创建一个空字典。set( )和 frozenset( )函数分别创建可变集合和不可变集合，其参数必须是可迭代的，即一个序列、字典和迭代器等。

举例：创建集合。

代码实现：

```
s1 = set( )#创建一个空集合
s2 = {1,2,3,4} #创建包含整数 1,2,3,4 的集合
s3 = set("Python")  #利用字符串创建集合
s4 = set((1,2,3,4))  #利用元组创建集合
s5 = set([x for x in range(1,5)])#利用列表推导式创建集合
print(s1,s2, s3, s4, s5)#集合是无序的,所以 s3 每次的结果会不同
```

运行结果：

```
set( ) {1,2,3,4} {'P','o','y','h','n','t'} {1,2,3,4} {1,2,3,4}
```

另外，集合可以把重复的元素自动去除，因此常被用来对列表数据进行"去重操作"。

举例：集合自动去重。

代码实现：

```
student = {'Tom','Jim','Marry','Tom','Jack','Rose'}
print(set(student))    #输出集合,重复的元素被自动去掉
```

运行结果：

```
{'Jim','Jack','Rose','Marry','Tom'}
```

6.2.2　集合的操作和运算

1. 集合中添加元素

使用 add( )方法可以向集合中添加元素，如果添加的元素已经存在，则不执行任何操作。

举例：使用 add( )方法向集合中添加元素。

代码实现：

```
s1 = set(["谷歌","百度","腾讯"])
s1.add("抖音")
s1.add("抖音")
print(s1)
```

运行结果：

```
{'百度','谷歌','腾讯','抖音'}
```

注意："抖音"字符串被作为一个整体一起添加到集合中。add( )函数一次只能接收一

个变量，否则会报错。

使用 update( ) 向集合中添加元素时，是将要传入的元素拆分成单个字符，一起存进集合中。此外，还有一个特殊功能：它会把重复的字符去掉。update( ) 方法一次可以向集合中添加多个值。参数可以是字符串、元组、列表、集合、字典等数据类型，不可以是整型、浮点型等。

举例：使用 update( ) 方法向集合中添加元素。

代码实现：

```
s1 = {'百度', '腾讯', '抖音', '谷歌'}
s1.update("pythonpython", "99")
print(s1)
```

运行结果：

```
{'n', 'y', 'o', 'p', '腾讯', '谷歌', '抖音', '百度', '9', 'h', 't'}
```

注意：将传入的元素"pythonpython"和"99"字符串分别拆分成单个字符添加到集合中，并且把重复的字符去掉。

2. 删除集合元素

remove(x) 方法将元素 x 从集合 s 中移除，如果元素不存在，则会发生 KeyError 错误。

pop( ) 随机删除并返回一个集合中的元素。

clear( ) 方法可以删除集合中所有的元素。

举例：删除集合元素。

代码实现：

```
s1 = set(("谷歌", "百度", "腾讯", "抖音"))
s1.remove("百度")
print(s1)    #运行结果为{'谷歌', '腾讯', '抖音'}
s1.pop()
print(s1)    #运行结果为{'腾讯', '抖音'}
s1.clear()
print(s1)    #运行结果为 set()
```

运行结果：

```
{'谷歌', '腾讯', '抖音'}
{'腾讯', '抖音'}
set()
```

3. 子集、超集及集合运算

如果集合 s1 的任意一个元素都是集合 s2 的元素，那么集合 s1 称为集合 s2 的子集，集合 s2 称为集合 s1 的超集。Python 提供了求并集（| 或 union）、交集（& 或 intersection）、差集（- 或 difference）、对称差（^或 symmetric_difference）的运算方法。

举例：子集、超集及集合运算应用。

代码实现：

```
s1 = {1, 2, 3, 4, 5, 6}
s2 = {4, 5, 6, 7, 8, 9}
s3 = {1, 2, 3}
print(s3.issubset(s1))    # 判断 c 是 a 的子集,结果为 True
print(s1.issuperset(s3))    # 判断 a 是 c 的超集,结果为 True
print(s1 |s2)    # 并集,结果为{1, 2, 3, 4, 5, 6, 7, 8, 9}
print(s1 &s2)    # 交集,结果为{4, 5, 6}
print(s1 -s2)    # 差集,结果为{1, 2, 3, 7, 8, 9}
print(s1 ^s2)    # a 相对 b 的差,结果为{1, 2, 3}
```

运行结果：

```
True
True
{1,2,3,4,5,6,7,8,9}
{4,5,6}
{1,2,3}
{1,2,3,7,8,9}
```

4. zip() 函数

zip() 函数是 Python 内置函数之一，它可以将多个序列（列表、元组、字典、集合、字符串以及 range() 区间构成的列表）"压缩"成一个 zip 对象。所谓压缩，其实就是将这些序列中对应位置的元素重新组合，生成一个个新的元组。

举例：zip() 函数的应用。

代码实现：

```
list1 = [1,2,3,4]
tuple1 = (4,5,6,7)
print([x for x in zip(list1,tuple1)])
dic1 = {11:"红",12:"绿",13:"蓝"}
set1 = {1,2,3,4}
print([x for x in zip(dic1,set1)])
str1 = "python"
str2 = "shell"
print([x for x in zip(str1,str2)])
list2 = [11,12,13]
tuple2 = (21,22,23)
print(list(zip(list2,tuple2)))
```

运行结果：

```
[(1, 4), (2, 5), (3, 6), (4, 7)]
[(11, 1), (12, 2), (13, 3)]
[('p','s'), ('y','h'), ('t','e'), ('h','l'), ('o','l')]
[(11, 21), (12, 22), (13, 23)]
```

注意： 在使用 zip( ) 函数"压缩"多个序列时，它会分别取各序列中第 1 个元素、第 2 个元素、…、第 n 个元素，各自组成新的元组。当多个序列中元素个数不一致时，会以最短的序列为准进行压缩。

实例 18　编写程序，进行身份证校验码计算

微课视频

实例目标： 利用已学的字典知识实现身份证校验码设计。

实例内容： 通常每个人的身份证号是 18 位，前 17 位分别表示：省、直辖市、自治区代码（第 1~2 位），地级市、盟、自治州代码（第 3~4 位），县、县级市、区代码（第 5~6 位），出生年月日（第 7~14 位），顺序号（第 15~17 位），校验位（第 18 位）。现在要根据前 17 位计算第 18 位校验位。计算方法如下：身份证号码 17 位数分别乘以不同的系数，第 1~17 位的系数分别为 7，9，10，5，8，4，2，1，6，3，7，9，10，5，8，4，2，将这 17 位数字和系数相乘的结果相加，用相加的结果与 11 求模，余数结果只可能是 0，1，2，3，4，5，6，7，8，9，10 这 11 个数字，它们分别对应的最后一位身份证的号码为 1，0，x，9，8，7，6，5，4，3，2。例如，如果余数是 2，最后一位数字就是 x，如果余数是 10，则身份证的最后一位就是 2。

代码实现：

```python
num = input("请输入 1 -17 位身份证号码:")
xishu = [7,9,10,5,8,4,2,1,6,3,7,9,10,5,8,4,2]
qiumo = {'0':'1','1':'0','2':'X','3':'9','4':'8','5':'7','6':'6','7':'5','8':'4','9':'3','10':'2'}
sum = 0
for i in range(17):
    sum += int(num[i]) * int(xishu[i])
yu = sum% 11
yanzheng = qiumo[str(yu)]
print("验证码为:% s"% yanzheng)
print("身份证号码为:% s% s"% (str(num),str(yanzheng)))
```

运行结果：

```
请输入 1 -17 位身份证号码:61011419560502005
验证码为:6
身份证号码为:6101141956050200056
```

模块总结

本模块主要介绍了 Python 中字典和集合的基础知识，包括创建字典、集合，探究字典、集合的常用操作及常用方法，学生可通过模块任务，认识字典和集合的数据结构，理解它们之间的联系和区别，通过实例，激发学生学习兴趣，学会用所学知识解决工作与生活中的实际问题，引导学生积极思考，开拓新知，探索创新，培养他们科学、严谨的工作态度。

模块测试

知识测试

一、单选题

1. 以下关于字典操作的描述，错误的是（　　　）。
A. del 用于删除字典或者元素　　　　B. clear 用于清空字典中的数据
C. len 方法可以计算字典中键值对的个数　D. keys 方法可以获取字典的值

2. 以下程序的输出结果是（　　　）。

```
dict = {'Name':'baby', 'Age':7}
print(dict.items())
```

A. [('Age', 7), ('Name', 'baby')]

B. ('Age', 7), ('Name', 'baby')

C. 'Age':7, 'Name':'baby'

D. dict_items([('Name', 'baby'), ('Age', 7)])

3. 下面不能创建一个集合的语句是（　　　）。

A. s1 = set()

B. s2 = set("abcd")

C. s3 = (1,2,3,4)

D. s4 = frozenset((3,2,1))

4. 以下关于字典类型的描述，正确的是（　　　）。

A. 字典类型的值可以是任意数据类型的对象

B. 表达式 for x in d：中，假设 d 是字典，则 x 是字典中的键值对

C. 字典类型的键可以是列表和其他数据类型

D. 字典的值还可以是字典类型的对象

5. 以下程序的输出结果是（　　　）。

```
ss = list(set("jzzszyj"))
ss.sort()
print(ss)
```

A. ['z', 'j', 's', 'y']

B. ['j', 's', 'y', 'z']

C. ['j', 'z', 'z', 's', 'z', 'y', 'j']

D. ['j', 'j', 's', 'y', 'z', 'z', 'z']

二、填空题

1. 字典中多个元素之间使用＿＿＿＿＿＿分隔开，每个元素的"键"与"值"之间使用

_____分隔开。

2. 字典对象的_____方法可以获取指定"键"对应的"值"，并且可以在指定"键"不存在的时候返回指定值，如果不指定，则返回 None。

3. 字典对象的_____方法返回字典中的"键 – 值对"列表。

4. 已知 x = {1:2}，那么执行语句 x[2] = 3 之后，x 的值为_____。

5. 表达式 set([1,1,2,3]) 的值为_____。

三、读程序填空

1. 字典 d = {'Name':'Kate', 'No':'1001', 'Age':'20'} 表达式 len(d) 的值为_____。

2. 假设一个名为 stu 的字典 {"张三":3,"李四":2}，下面语句的运行结果是什么？

（a）print(stu.keys()) _____

（b）print(stu.values()) _____

（c）print(stu.items()) _____

四、简答题

1. 如何创建一个空字典？如何创建一个空集合？

2. 对于一个字典 d，可以使用 d[key] 或 d.get(key) 来返回这个关键字对应的值。它们之间的区别是什么？

五、编程题

1. 将两个列表内容合并成一个字典。

```
keys = ['A', 'B', 'C']
values = ['blue', 'red', 'bold']
```

2. 查找下面字典中值最大值及其键。

```
prices = {'zhang':523,'li':668,'zhao':476,'zhou':632}
```

技能测试

1. 根据需求写代码。

```
dic = {"k1":"v1", "k2":"v2", "k3":[11,22,33]}
```

（a）在字典中添加一个键值对，"k4":"v4"，输出添加后的字典。

（b）在字典中修改"k1"对应的值为"alex"，输出修改后的字典。

（c）在 k3 对应的值中追加一个元素 44，输出修改后的字典。

（d）在 k3 对应的值的第 1 个位置插入元素 18，输出修改后的字典。

2. 对 {'taobao','jingdong','alibaba','baidu','taobao'} 使用集合对元素去重复。

3. 分别有两个集合 {1, 2, 1, 3, 4, 5, 6, 7}，{1, 2, 3, 8, 9, 7, 10}，求两个集合的差集、并集、交集。

学习效果评价

序号	评价内容	个人自评	同学互评	教师评价
1	能够灵活地使用字典			
2	能够灵活地使用集合			
3	掌握字典和集合的基本操作和使用			
4	能够熟练使用字典、集合来解决实际问题			
5	工匠精神：熟悉编程规范、代码命名规范，有详细、规范的注释			
6	举一反三：能根据所学的知识解决实际问题			
7	团队合作：与组员分工合作，解决所遇问题			
8	创新精神：不拘泥于固定思维，编程有创新			
评价标准				
A：能够独立完成技能测试，熟练掌握，灵活运用，有创新				
B：能够独立完成				
C：不能够独立完成，需在提示、帮助或指导下完成				
项目综合评价：>6 个 A，认定为优秀；4～6 个 A，认定为良好；<4 个 A，认定为及格				

模块七

文件操作与异常处理

知识目标

1. 理解文件和异常的概念；
2. 掌握 Python 中文件的操作方法及应用；
3. 掌握 Python 中异常的类型和应用。

能力目标

1. 掌握根据应用需要灵活使用文件的能力；
2. 掌握根据应用需要灵活使用异常处理的能力。

素质目标

1. 具有坚定的理想信念、强烈的家国情怀和民族自豪感；
2. 养成良好自主学习能力和团队协作能力。

思政点融入

1. 文件内容加密的重要性——企业可以使用加密技术来保护其机密信息。通过对敏感文件进行加密，即使黑客能够获取这些文件，也无法阅读其内容。这可以使企业免受数据泄露和黑客攻击的威胁。加密技术还可以帮助企业保护自己的商业机密和知识产权。引导学生利用实例知识解决文件加密的实际应用，培养学生重视信息安全的能力。

2. 异常处理的重要性——通过案例，引导学生重视学习工作中遇到特殊异常情况的处理分析能力，能够提前做好预案，激发学生全面地思考问题。

任务 7.1 文件内容加密——文件操作"三步走"

【任务描述】采用加密算法对文本文件进行加密操作。

【任务分析】对文本文件的加密操作，需要选择加密算法，这里采用 RSA 加密算法进行加密。

【任务实施】首先要在 D 盘下创建一个 hello 文件夹，在文件夹内部创建 helloworld. txt 文件，里面写入"Hello World!"字符串。运行程序代码前，需要先安装 rsa 加密模块。在Anaconda3 集成开发环境下输入 pip install rsa，并单击"运行"按钮进行安装。

微课视频

代码如下：

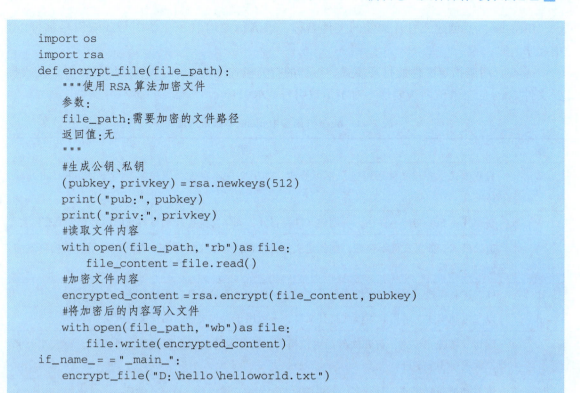

```
import os
import rsa
def encrypt_file(file_path):
    """使用 RSA 算法加密文件
    参数:
    file_path:需要加密的文件路径
    返回值:无
    """
    #生成公钥、私钥
    (pubkey, privkey) = rsa.newkeys(512)
    print("pub:", pubkey)
    print("priv:", privkey)
    #读取文件内容
    with open(file_path, "rb")as file:
        file_content = file.read()
    #加密文件内容
    encrypted_content = rsa.encrypt(file_content, pubkey)
    #将加密后的内容写入文件
    with open(file_path, "wb")as file:
        file.write(encrypted_content)
if _name_ = = "_main_":
    encrypt_file("D:\hello\helloworld.txt")
```

运行结果：

D:\hello\helloworld.txt 文本文件里的内容变成乱码。文件内容不同，乱码也不同，比如"D@ v 凶嚖_h 谒麟▽鑀 z 圙 z？.B 堠 O 坼：T？蠡 p;" 彄晫鐰紒？灾乘梳?,？"。

【任务相关知识链接】完成该任务需要的知识介绍如下：

程序中使用的数据都是暂时的，当程序终止时，它们就会丢失。如果要把数据永久保存下来，就需要把数据存储到文件中去，Python 可以处理操作系统下的诸如文本文件、二进制文件及其他类型等文件。

文件操作的主要步骤为：打开文件、处理文件、关闭文件，也称为文件操作的"三步走"。其中，处理文件包括对文件进行读/写等操作。

7.1.1　文件的打开

在 Python 中操作文件，必须首先使用内置方法 open( )打开文件，返回一个 file 对象，再利用该 file 对象执行读写操作。文件对象一旦被成功创建，该对象便会记住文件的当前位置，这个位置称为文件的指针，初始时，文件指针均指向文件的头部。

open( )方法用于创建或打开指定文件，该函数的常用语法格式如下：

```
file = open(filename [, mode [ , buffering]])
```

此格式中，用[ ]括起来的部分为可选参数，既可以使用，也可以省略。其中，各个参数所代表的含义如下：

file：表示要创建的文件对象。

filename：要创建或打开文件的文件名称，该名称要用引号（单引号或双引号都可以）括起来。

mode：用于指定文件的打开模式。可选的打开模式见表 7 – 1。默认以只读（r）模式打开文件。mode 参数值两边要加一对半角双引号或单引号。

表 7 – 1 open( ) 函数中 mode 参数常用值

值	说 明
r	只读模式，打开文件后可读，不可修改；如果文件不存在，则发生异常 FileNotFoundError。默认值
w	写模式，如果文件不存在，则创建文件再打开；如果文件存在，写入新内容会覆盖原有内容
a	追加模式，如果文件不存在，则创建文件再打开；如果文件存在，打开文件后将新内容追加至原内容之后
rb	以二进制模式，采用只读模式打开文件，一般用于音频文件、图片文件
wb	以二进制模式，采用只写模式打开文件，一般用于音频文件、图片文件
r +	读写（覆盖）模式，打开文件后可读可写，新写入的内容会覆盖原文件内容，写入几个字符，就覆盖几个字符
w +	读写（覆盖）模式，打开文件后可读可写，先清空原内容，再写入新内容
a +	读写（追加）模式，打开文件后可读可写，写入模式是追加式，将新内容追加至原内容之后

buffering：缓冲设置，值可以是任意一个正整数、负整数或 0，默认为 – 1。

举例：open( ) 函数的使用。在 D 盘下创建一个 hello 文本文件，在文件中输入 "Hello World!" 字符串。

代码实现：

```
file = open("d:\hello.txt")
print(file)
```

运行结果：

```
<_io.TextIOWrapper name = 'd:\hello.txt' mode = 'r' encoding = 'cp936'>
```

输出文件对象时，可以看到文件名、读/写模式和编码格式。cp936 就是指 Windows 系统里第 936 号编码格式，即 GB2312 编码。然后，就可以调用 file 文件对象的方法读取文件中的内容。

7.1.2 文件的关闭

文件打开并操作完成后，应该关闭文件，以便释放所占用的内存空间，或被别的程序打开并使用。

文件对象的 close( ) 方法用来刷新缓冲区里所有还没写入的信息，并关闭该文件，之后便不能再执行写入操作。

当一个文件对象的引用被重新指定给另一个文件时，Python 将关闭之前的文件。close ( )方法语法格式如下：

```
file.close()
```

功能：关闭文件。如果在一个文件关闭后还对其进行操作，将产生 ValueError。

7.1.3　读文件

用户可以调用文件对象的多种方法读取文件内容，包括 read ( )、readline ( ) 和 readlines ( )。

1. read ( ) 方法

语法格式：

```
file.read([count])
```

参数说明：参数 count 是从已打开文件中读取的字节数。如果不设置参数，read 方法读取文件中全部剩余的内容。

举例：调用 read ( ) 方法读取 hello. txt 文件中的内容。

代码实现：

```
file = open("d:\hello.txt")
print(file)
content = file.read()
print(content)
```

运行结果：

```
<_io.TextIOWrapper name ='d:\hello.txt' mode ='r' encoding ='cp936'>
Hello World!
```

2. readline ( ) 方法

语法格式：

```
file.readline([count])
```

功能：读取文件的下一行，包括行结束符。

参数说明：count 是一行中要读取的字节数，默认时，读 1 行。

例如：先在 hello. txt 文件的第二行追加字符串 BeiJing ShangHai GuangZhou NanJing，然后调用 readline ( ) 方法读取 hello 文件中的内容。

```
file = open("d:\hello.txt")
content = ""
while True:
    frag = file.readline()
    if frag = = "":     #或者 if not frag
        break
    content + = frag
file.close()
print(content)
```

运行结果：

```
Hello World!
BeiJing ShangHai GuangZhou NanJing
```

注意：当读取到文件结尾时，readline( )方法返回空字符串，使得 line = = "" 成立，跳出循环。

3. readlines( )方法

语法格式：

```
file.readlines([count])
```

功能：把文件的每一行作为一个 list 的成员，并返回该 list。内部通过循环调用 readline( )来实现。

参数说明：count 参数是表示读取内容的总字节数，即只读文件的一部分。

readlines( )方法可以按照行的方式把整个文件中的内容进行一次性读取，并返回一个字符串列表，其中的每一项是文件中每一行的字符串。

举例：readlines( )方法使用。

代码实现：

```
file = open("d:\hello.txt")
content = file.readlines()
file.close()
print(content)
for line in content:  #输出列表
    print(line)
```

运行结果：

```
['Hello World! \n', 'BeiJing ShangHai GuangZhou NanJing']
Hello World!
BeiJing ShangHai GuangZhou NanJing
```

7.1.4 写文件

写文件和读文件的不同之处在于，打开文件时，是以"写"模式或"添加"模式打开

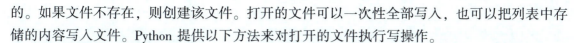

的。如果文件不存在，则创建该文件。打开的文件可以一次性全部写入，也可以把列表中存储的内容写入文件。Python 提供以下方法来对打开的文件执行写操作。

1. write( )方法

语法格式：

```
file.write(str)
```

功能：把 str 写到文件中。write( )并不会在 str 后加上一个换行符。

参数说明：参数 str 是一个字符串，是要写入文件的内容。

举例：用 write( )方法写文件，在文件中写入"西安"。

代码实现：

```
file = open("d:\hello.txt","w")
file.write("西安 \n")
file.close
file = open("d:\\hello.txt")
content = file.read()
print(content)
```

运行结果：

```
西安
```

注意：调用 write( )方法会覆盖 hello. txt 里面原有数据内容，再重新写入。如果要追加内容，只需要把 mode 参数"w"换成"a"即可。

2. writelines( )方法

语法格式：

```
file.writelines(seq)
```

功能：把 seq（序列字符串列表）的内容全部写到文件中，并且不会在字符串的结尾添加换行符（'\n'）。如果需要换行，要自己加入每行的换行符。

参数说明：seq 是一个列表对象。

举例：writelines( )方法使用。

代码实现：

```
file = open("d:\hello.txt","w")
list01 = ["11","22 \n","33","44 \n","55"]
file.writelines(list01)
file.close()
file = open("d:\hello.txt")
content = file.read()
print(content)
```

运行结果：

```
1122
3344
55
```

7.1.5　文件定位读取

1. file. tell( )

功能：返回文件操作标记的当前位置，以文件的开始位置为原点。

2. file. next( )

功能：返回下一行，并将文件操作标记位移到下一行。

3. file. seek(offset[,whence])

功能：将文件操作标记移到 offset 的位置。

参数说明：offset 一般是相对于文件的开始位置来计算的，通常为正数。

如果提供了 whence 参数，按如下原则计算偏移量：whence 为 0，表示从头开始计算；whence 为 1，表示以当前位置为原点进行计算；whence 为 2，表示以文件末尾为原点进行计算。需要注意，如果文件以 a 或 a + 的模式打开，每次写操作时，文件操作标记会自动返回文件末尾。

举例：文件定位方法与读取方法示例。

代码实现：

```python
#以只读方式打开文件,文件路径之前的 r 表示不使用转义
file = open("d:/hello.txt","r")
print('read()方法:')
print(file.read())            #读取整个文件
print('readline()方法;')
file.seek(0)
print(file.readline())    #返回文件头,读取 1 行
print('readlines()方法;')
file.seek(0)
print(file.readlines())#返回文件头,返回所有行的列表
print('逐行显示列表元素:')
file.seek(0)
textlist = file.readlines()
for line in textlist:
    line = line.strip('\n')   #去掉换行符
    print(line)
#移位到第 33 个字符,从第 33 个字符开始,显示 37 个字符的内容
print('seek(33)function')
file.seek(33)
print('tell()function',end ='')
print(file.tell())
```

```
print(file.read(37))
print('文件的当前读取位置',end ='')
print(file.tell())    #显示当前位置
file.close()          #关闭文件对象
```

运行结果:

```
read()方法:
1122
3344
55
readline()方法:
1122
readlines()方法:
['1122 \n', '3344 \in','55 ']
逐行显示列表元素:
1122
3344
55
seek(33) function
tell() function 33

文件的当前读取位置 33
```

7.1.6 文件的复制与重命名

Python 的 os 模块和 shutil 模块提供了执行文件处理操作的方法,比如复制、重命名和删除文件。要使用这个模块,需要先导入它,然后才可以调用相关的功能。

1. 文件的复制

在 shutil 模块中提供了复制文件和文件夹的函数。

shutil. copy(source,destination):复制文件。

shutil. copytree(source, destination):复制整个文件夹,包括其中的文件及子文件夹。

举例:文件的复制。

代码实现:

```
import shutil
src ='d:/hello.txt'
dst ='d:/dest_dir.txt'
shutil.copy(src, dst)
```

运行结果:

```
'd:/dest_dir.txt'
```

即把 d:/hello. txt 中的内容复制到 d:/dest_dir. txt 里面。

```
import shutil
shutil.copytree('D:/data','C:/test/data')
```

运行结果：

```
'C:/test/data'
```

即把 D 盘的 data 文件夹复制到 C 盘的 test 文件夹里。

2. 文件的重命名

rename( )方法语法格式：

```
os.rename(oldname, newname)
```

举例：文件的重命名。

代码实现：

```
import os
os.rename("d:/hello.txt","d:/hello2.txt")
```

运行结果：

把"d:/hello.txt"文件改名为"d:/hello2.txt"。

任务7.2　批量修改文件的扩展名——目录操作

【任务描述】 通过调用 Python 函数，批量把某个文件夹下所有扩展名为 .txt 的文件修改为 .csv 文件。

微课视频

【任务分析】 首先列出当前目录下的所有文件，接着重新组合文件名和后缀名，最后完成修改。

【任务实施】 在 D:\shujuji\SisFall_dataset 下创建多个 .txt 文件（例如：6.txt 和 7.txt），通过调用 listdir( )和 splitext( )函数等操作文件，完成批量修改后缀名的操作。

代码实现：

```
import os
path0 = r"D:/shujuji/SisFall_dataset"
path1 = r"D:/shujuji/SisFall_dataset" +'/'
#列出当前目录下所有的文件
files = os.listdir(path0)
print('files', files)
for filename in files:
    portion = os.path.splitext(filename)
    #如果后缀是 .txt
    if portion[1] = = ".txt":
```

```
                    #重新组合文件名和后缀名
                    newname = portion[0] + ".csv"
                    filenamedir = path1 + filename
                    newnamedir = path1 + newname
                    os.rename(filenamedir, newnamedir)
```

运行结果：

```
files ['6.csv','7.csv']
```

即把"D:\shujuji\SisFall_dataset"下的所有 . txt 文件改成后缀为 . csv 的文件。

【任务相关知识链接】完成该任务需要的知识介绍如下：

在大多数操作系统中，文件被存储在多级目录（文件夹）中。这些文件和目录（文件夹）被称为文件系统。Python 的标准 os 模块可以处理它们。

7.2.1　创建目录

程序可以使用 os. makedirs( )函数创建新目录。

举例：在 D 盘下创建一个 myNewFolder 目录。

代码实现：

```
import os
os.makedirs("d:/myNewFolder")
```

运行结果：

在 D 盘下创建了一个 myNewFolder 文件夹。

7.2.2　获取目录

Python 获取当前目录的方法有以下几种：

1. 使用 os 模块的 getcwd( )函数

举例：使用 os 模块的 getcwd( )函数获取当前目录。

代码实现：

```
import os
current_dir = os.getcwd()
print(current_dir)
```

运行结果：

```
C:\Users\Administrator
```

2. 使用 pathlib 模块的 Path 类的 cwd( )方法

举例：使用 pathlib 模块的 Path 类的 cwd( )方法获取当前目录。

代码实现：

```
from pathlib import Path
current_dir = Path.cwd()
print(current_dir)
```

运行结果：

```
C:\Users\Administrator
```

3. 使用 os. path 模块的 abspath( ) 函数

举例：使用 os. path 模块的 abspath( ) 函数获取当前目录。

代码实现：

```
import os.path
current_dir = os.path.abspath('.')
print(current_dir)
```

运行结果：

```
C:\Users\Administrator
```

7.2.3 遍历目录

在文件操作中，经常需要遍历某个文件夹或子文件夹。在 Python 中进行文件遍历的方式很多，下面介绍几种常用的方式。

1. os. walk( ) 函数

os. walk( ) 函数可以遍历一个目录及其子目录下的所有文件和文件夹。它返回一个三元组，其中包含当前遍历的目录名、当前目录下的所有子目录名和当前目录下的所有文件名。可以使用 for 循环来遍历这个三元组，然后对每个文件或目录进行处理。

举例：用 os. walk( ) 函数遍历目录（假如 D：\chapter7 中有一个文件夹"代码" 和 "11. txt"、"文本 1. txt"、"文本 2. txt" 三个文件，其中，"代码"文件夹下有一个"代码. txt"文件）。

代码实现：

```
import os
def traverse_dir(path):
    for root, dirs, files in os.walk(path):
        print("当前目录:", root)
        print("子目录列表:", dirs)
        print("文件列表:", files)
dir_path = "D:\\chapter7"
print('待遍历的目录为:', dir_path)
print('遍历结果为:')
traverse_dir(dir_path)
```

运行结果：

```
待遍历的目录为:D:\chapter7
遍历结果为:
当前目录:D:\chapter7
子目录列表:['代码']
文件列表:['11.xls','文本1.txt','文本2.txt']
当前目录:D:\chapter7\代码
子目录列表:[]
文件列表:['代码.txt']
```

说明：

（1）os.walk(path)函数可以遍历 path 目录及其子目录下的所有文件和文件夹。

（2）os.walk()函数返回一个三元组，其中包含当前遍历的目录名、当前目录下的所有子目录名和当前目录下的所有文件名。

（3）for root, dirs, files in os.walk(path)可以遍历三元组，root 表示当前遍历的目录名，dirs 表示当前目录下的所有子目录名，files 表示当前目录下的所有文件名。

（4）print()函数用于输出结果。

2. os.listdir()函数

os.listdir()函数可以返回指定目录下的所有文件和文件夹，但不包括子目录。可以使用 os.path 模块中的 isdir()和 isfile()函数来判断一个路径是文件夹还是文件，然后对每个文件或文件夹进行处理。

举例：使用 os.listdir()函数遍历目录。

代码实现：

```python
import os
def traverse_dir(path):
    for file in os.listdir(path):
        file_path = os.path.join(path, file)
        if os.path.isdir(file_path):
            print("文件夹:", file_path)
            traverse_dir(file_path)
        else:
            print("文件:", file_path)
dir_path = "D:\\chapter7"
print('待遍历的目录为:', dir_path)
print('遍历结果为:')
traverse_dir(dir_path)
```

运行结果：

```
待遍历的目录为:D:\chapter7
遍历结果为:
文件:D:\chapter7\11.xls
文件夹:D:\chapter7\代码
```

```
文件:D:\chapter7\代码\代码.txt
文件:D:\chapter7\文本1.txt
文件:D:\chapter7\文本2.txt
```

说明：

（1）os. listdir(path)函数可以返回指定目录下的所有文件和文件夹，但不包括子目录。

（2）os. path. join(path，file)函数可以将 path 和 file 拼接成完整的路径。

（3）os. path. isdir(file_path)函数可以判断 file_path 是否为文件夹。

（4）traverse_dir(file_path)函数用于递归遍历子目录。

3. glob. glob( )函数

glob. glob( )函数可以返回指定目录下所有匹配的文件和文件夹，但不包括子目录。可以使用 os. path 模块中的 isdir( )和 isfile( )函数来判断一个路径是文件夹还是文件，然后对每个文件或文件夹进行处理。

举例：使用 glob. glob( )函数遍历目录。

代码实现：

```
import glob
import os
def traverse_dir(path):
    files = glob.glob(os.path.join(path, "*"))
    for file in files:
        if os.path.isdir(file):
            print("文件夹:", file)
            traverse_dir(file)
        else:
            print("文件:", file)
dir_path = "D:\\chapter7"
print('待遍历的目录为:', dir_path)
print('遍历结果为:')
traverse_dir(dir_path)
```

运行结果同 os. listdir( )函数遍历目录举例的结果。

说明：

（1）glob. glob(os. path. join(path，" * "))函数可以返回，指定目录下所有匹配的文件和文件夹，但不包括子目录。

（2）os. path. join( )函数可以将 path 和 * 拼接成完整的路径，" * "代表匹配所有文件和文件夹。

（3）os. path. isdir(file)函数可以判断 file 是否为文件夹。

（4）traverse_dir(file)函数用于递归遍历子目录。

7.2.4　删除目录

当目录不再使用时，可以使用 rmdir( )函数进行删除。

举例：删除目录。

代码实现：

```
import os
os.rmdir("d:\\myNewFolder")
```

运行结果是"d:\\myNewFolder"文件夹被删掉。

注意：os.rmdir()函数只能删除空文件夹。也就是说，如果要删除的文件夹里面还有文件及子文件夹，则删除会出现错误。

任务7.3　带异常判断和处理的计算器——异常处理

微课视频

【任务描述】能够进行简单的加减乘除运算，并能够处理运算中出现的异常情况，比如除数为0的异常。

【任务分析】获取用户输入的表达式，然后计算表达式的值，如果表达式不合法，提示错误信息。

【任务实施】构建一个自定义函数，在函数内部调用eval()函数，eval()函数用来执行一个字符串表达式，并返回表达式的值。然后给eval()函数的执行添加异常处理语句。输出异常出现时候的处理语句。

代码实现：

```
def calculate():
    #获取用户输入的表达式
    expression = input("请输入算式:")
    try:
        #计算表达式的值
        result = eval(expression)
        print("结果为:", result)
    except:
        #如果表达式不合法,提示错误信息
        print("表达式不合法,请重新输入!")
if __name__ == "__main__":
    calculate()
```

运行结果：

```
请输入算式:9/0
表达式不合法,请重新输入!
```

【任务相关知识链接】完成该任务需要的知识介绍如下：

异常是一个事件，会在程序执行过程中发生，并影响程序的正常执行。为处理 Python 程序在运行中出现的异常和错误，Python 提供了异常处理机制和断言机制。

7.3.1　Python 中的异常

Python 中的异常是指程序中的例外，是违例情况。异常机制是指程序出现错误后，程序的处理方法。当出现错误后，程序的执行流程将发生改变，程序转移到异常处理代码。Python 中有许多已经定义的标准异常。

7.3.2　常用异常处理语句

1. try – except – ［else］语句

Python 提供了 try – except – ［else］语句来捕捉异常。try – except – ［else］语句可以检测出 try 语句块中的错误，同时让 except 语句捕获这些异常信息并进行处理。如果不捕获这些异常，程序将被非正常结束。

异常捕获 try – except – ［else］的语法格式如下：

```
try:
    <语句>                    #可能发生异常的代码
except  <异常名字>:           #捕捉发生的异常,可跟多个异常名字,并用逗号分隔
    <语句>                    #处理异常
except <异常名字> as <异常参数>:  #捕获发生的异常,并获得附加信息
    <语句>                    #处理异常
except:                      #捕获未列出名字的异常
    <语句>                    #处理异常
[else:
    <语句>]                   #如果没有异常发生
```

该程序块的工作机制如下：

当遇到 try 语句时，Python 在当前程序的上下文中作标记。接下来的程序执行流程依赖于运行时是否出现异常。

如果 try 后的某条语句运行时发生异常，Python 就跳回到 try 语句开始位置并执行第一个匹配该异常的 except 子句。异常处理完毕后，控制流转向 try 语句块之后的语句（除非在处理异常时又引发新的异常）。

如果 try 后的某条语句执行时发生异常，但是没有可以匹配的 except 子句，该异常将被提交到上层的调用函数，或者到程序的最外层（程序将结束，并打印默认的出错信息）。

如果 try 之后的所有语句执行时都没有发生异常，Python 将执行 else 语句后的语句（如果有 else），然后控制流转向 try 语句块之后的语句。

举例：使用异常处理机制进行文件操作。（假如已删除了"d:\hello\helloworld. txt"文件。）

代码实现：

```
try:
    file = open(r"d:\hello\helloworld.txt","w")
    file.write("异常处理与捕获!")
except  IOError:
    print("Error:没有找到文件或读取文件失败")
```

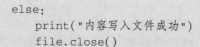

```
else:
    print("内容写入文件成功")
    file.close()
```

运行结果：

```
Error:没有找到文件或读取文件失败
```

如果文件的路径没有问题，就不会发生异常，并且把"异常处理与捕获!"写入 helloworld.txt 文件中去，其运行结果显示如下：

```
内容写入文件成功
```

2. try – finally 语句

try – finally 子句用于如下场合：不管捕捉到的是什么错误，无论错误是不是发生，这些代码"必须"运行。finally 子句通常用于关闭因异常而不能释放的系统资源，如关闭文件、释放锁、返回数据库连接等。

举例：finally 语句示例。（假如"d:\hello\helloworld.txt"文件存在。）

代码实现：

```
try:
    file = open(r"d:\hello\helloworld.txt","r")
    file.write("writing something")
finally:
    file.close()
    print("清理......关闭文件")
```

运行结果：

```
清理......关闭文件

UnsupportedOperation              Traceback (most recent call last)
Cell In[29],line 3
    1 try:
    2     file = open(r"d:\hello\helloworld.txt","r")
——>3     file.write("writing something")
    4 finally:
    5     file.close()

UnsupportedOperation: not writable
```

3. raise 抛出异常

Python 使用 raise 来抛出一个异常，基本上与 Java 中的 throws 关键字相同。

raise 语法格式如下：

```
raise[Exception [, args[,traceback]]]
```

语句中，Exception 是异常的类型；args 参数是一个异常参数值，是可选的，如果不提供，异常的参数是 None；最后一个参数是可选的（在实践中很少使用），如果存在，则跟踪异常对象。

举例：raise 语句示例。

代码实现：

```
try:
    s = None
    if s is None:
        print("s 是空对象")
        #如果引发 NameError 异常,后面的代码将不能执行
        raise NameError
    print(len(s))
except NameError:
    print("空对象没有长度")
```

运行结果：

```
s 是空对象
空对象没有长度
```

4. assert 语句

assert 语句用于检测某个条件表达式是否为真。assert 语句又称断言语句，即 assert 认为检测的表达式永远为真，if 语句中的条件判断都可以使用 assert 语句检测。

assert 语法格式如下：

```
assert  exception[, arguments]
assert 表达式[, 参数]
```

assert 的异常参数，其实就是在断言表达式后添加字符串信息，用来解释断言，有助于更好地了解是哪里出了问题。

举例：assert 语句示例。

代码实现：

```
def KelvinToFahrenheit(Temperature):
    temp = 0
    try:
        assert(Temperature > =0),"Colder than absolute zero!"
        temp = ((Temperature -273) * 1.8) +32 /0
    except (AssertionError,ZeroDivisionError)as arg:
        print("出现了问题 ......",arg)
```

```
        else:
            print("一切正常......")
    return  temp
print(KelvinToFahrenheit(273))
print(int(KelvinToFahrenheit(505.78)))
print(KelvinToFahrenheit(-5))
```

运行结果：

```
出现了问题......division by zero
0
出现了问题......division by zero
0
出现了问题......Colder than absolute zero!
0
```

实例 19　将一批文件按后缀名分类存入不同文件夹

实例目标：利用 import os、shutil 库，将扩展名为 .doc、.docx 的文件放入 word 文件夹；将扩展名 .xls、.xlsx 的文件放入 excel 文件夹；将 .ppt、.pptx 文件放入 ppt 文件夹；将扩展名为 .png、.gif、.jpg 的文件放入 picture 文件夹。

实例内容：先建立好相应的目标文件夹（word、excel、ppt、picture 等），要用到 Python 的 endswith( ) 方法来判断字符串是否以指定后缀结尾，如果以指定后缀结尾，返回 True，否则，返回 False。可选参数"start"与"end"为检索字符串的开始与结束位置。用 getcwd( ) 获取当前文件路径，用 listdir( ) 返回指定的文件夹包含的文件或文件夹的名字的列表。

微课视频

在项目文件夹下面创建源文件夹 files 及目标文件，把所有待分类的目标文件全部放入 files 文件夹中，如图 7 - 1 和图 7 - 2 所示。

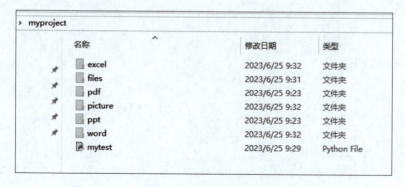

图 7 - 1　源文件夹 files 和各个目标文件夹

图 7-2　文件夹 **files** 中所有的文件

代码实现：

```
import os
import shutil
current_path = "E://myproject"
#源文件夹
source_path = current_path +'/files'
#分类目标文件夹
word_target = current_path +'/word'
excel_target = current_path +'/excel'
ppt_target = current_path +'/ppt'
pdf_target = current_path +'/pdf'
img_target = current_path +'/picture'
files = os.listdir(source_path)
for file in files:
    if file.endswith('doc')or file.endswith('docx')or file.endswith('md'):
        shutil.copy(source_path +'/'+ file, word_target +'/'+ file)
        print('文件{}已移到 word 文件夹'.format(file, ))
        continue
    elif file.endswith('xls')or file.endswith('xlsx'):
        shutil.copy(source_path +'/'+ file, excel_target +'/'+ file)
        print('文件{}已移到 excel 文件夹'.format(file, ))
        continue
    elif file.endswith('pdf'):
        shutil.copy(source_path +'/'+ file, pdf_target +'/'+ file)
        print('文件{}已移到 pdf 文件夹'.format(file, ))
        continue
    elif file.endswith('png')or file.endswith('gif')or file.endswith('jpg'):
        shutil.copy(source_path +'/'+ file, img_target +'/'+ file)
        print('文件{}已移到 picture 文件夹'.format(file, ))
        continue
    else:
        print(file +'其他类型')
```

运行结果：

```
文件 excel 素材 1.xlsx 已移到 excel 文件夹
文件 excel 素材 2.xlsx 已移到 excel 文件夹
文件 excel 素材 3.xlsx 已移到 excel 文件夹
文件 excel 素材 4.xlsx 已移到 excel 文件夹
文件 excel 素材 5.xlsx 已移到 excel 文件夹
文件单选题.docx 已移到 word 文件夹
文件图 1.png 已移到 picture 文件夹
文件图 2.jpg 已移到 picture 文件夹
文件图 3.jpg 已移到 picture 文件夹
文件图片 4.png 已移到 picture 文件夹
文件图片 5.png 已移到 picture 文件夹
文件程序填空.docx 已移到 word 文件夹
文件程序设计编程基础.docx 已移到 word 文件夹
文件程序设计编程提高.docx 已移到 word 文件夹
文件第 1 章　程序设计基本概念.ppt 已移到 ppt 文件夹
文件第 2 章　C 程序设计的初步知识.ppt 已移到 ppt 文件夹
文件第 3 章　顺序结构程序设计.ppt 已移到 ppt 文件夹
文件第 4 章　选择结构程序设计.ppt 已移到 ppt 文件夹
文件第 5 章　循环结构程序设计.ppt 已移到 ppt 文件夹
文件第 6 章　数组.ppt 已移到 ppt 文件夹
文件第 7 章　函数.ppt 已移到 ppt 文件夹
文件第 8 章　编译预处理.ppt 已移到 ppt 文件夹
```

打开 word 文件夹，可以看到所有 word 文件已经被移到此文件夹下，如图 7 – 3 所示。

图 7 – 3　所有扩展名为 .doc、.docx 的文件被放入 word 文件夹截图

模块总结

　　本模块主要介绍了 Python 中文件的打开、关闭、读取、写入等操作，并介绍了如何使用 os 模块操作文件和目录，以及 Python 关于异常处理的方法等基础知识。学生可通过模块任务，掌握通过 Python 与文件交互的基本操作方式，能够顺利地操作磁盘里面的文件，并进行相关异常的处理。通过实例，激发学生学习兴趣，使他们学会用所学知识解决工作与生活中的实际问题。

模块测试

知识测试

一、单选题

1. 关于程序的异常处理，以下选项中，描述错误的是（　　）。

A. 程序异常发生后，经过妥善处理可以继续执行

B. 异常语句可以与 else 和 finally 保留字配合使用

C. 编程语言中的异常和错误是完全相同的概念

D. Python 通过 try、except 等保留字提供异常处理功能

2. 打开一个已有文件，然后在文件末尾添加信息，正确的打开方式为（　　）。

A. 'r'　　　　　　　B. 'w'　　　　　　　C. 'a'　　　　　　　D. 'w+'

3. 假设文件不存在，如果使用 open 方法打开文件，则会报错，那么该文件的打开方式是（　　）。

A. 'r'　　　　　　　B. 'w'　　　　　　　C. 'a'　　　　　　　D. 'w+'

4. 假设 file 是文本文件对象，下列选项中，用于读取一行内容的是（　　）。

A. file. read( )　　　B. file. read(200)　　　C. file. readline( )　　　D. file. readlines( )

5. 下列语句打开文件的位置应该在（　　）。

```
f = open('itheima.txt','w')
```

A. C 盘根目录下　　　　　　　　　　B. D 盘根目录下

C. Python 安装目录下　　　　　　　　D. 与源文件在相同的目录下

6. 若文本文件 D:/Python 学习/abc. txt 中的内容如下：

abcdef

阅读下面的程序：

```
file = open("abc.txt","r")
s = file.readline()
s1 = list(s)
print(s1)
```

上述程序执行的结果为（　　）。

A. ['abcdef']　　　　　　　　　　　　B. ['abcdef\n']

C. ['a','b','c','d','e','f']　　　　　　D. ['a','b','c','d','e','f','\n']

7. 当 try 语句中没有任何错误信息时，一定不会执行（　　）语句。

A. try　　　　　　　B. else　　　　　　　C. except　　　　　　　D. finaly

8. 下列选项中，（　　）是唯一不在运行时发生的异常。

A. ZeroDivisionError　　　B. NameError　　　C. SyntaxError　　　D. KeyError

9. 下列选项中，用于触发异常的是（　　　）。

A. try　　　　　　　　B. catch　　　　　　　C. raise　　　　　　　D. except

二、填空题

1. 打开文件对文件进行读写，操作完成后，应该调用_____方法关闭文件，以释放资源。

2. 使用_____方法把整个文件中的内容进行一次性读取，返回的是一个_____。

3. os 模块中的_____方法用于创建文件夹。

4. 如果在没有_____的 try 语句中使用 else 语句，则会引发语法错误。

三、简答题

1. open( )函数中 mode 参数的常用值有哪些？

2. 常用的异常处理语句有哪些？

四、编程题

1. 使用 Python 代码实现遍历一个文件夹的操作。

2. 编写程序，生成一个文件，文件名为"学号姓名 .txt"（写自己真实的学号和姓名，机器不支持汉字的，可以用拼音）；文件内容为学 Python 这门课的收获、感想或建议。

3. 编写一个计算减法的方法，当第一个数小于第二个数时，抛出"被减数不能小于减数"的异常。

技能测试

基础任务

1. 从键盘输入一些字符，逐个把它们写到指定的文件，直到输入一个@为止。

示例：请输入文件名：out. txt，请输入字符串：Python is open. @ ，执行代码后，out. txt 文件中内容为"Python is open. "。

2. 定义一个函数 func(filename)，其中，filename：文件的路径，函数功能：打开文件，并且返回文件内容，最后关闭，用异常来处理可能发生的错误。

拓展任务

王爷爷的血压有些高，医生让家属给他测血压。王爷爷的女儿在文件 D:/Python 学习/xueyajilu. txt 中记录了一段时间的血压测量值，内容如下：

2020/7/2 6:00, 140, 82, 136, 90, 69

2020/7/2 15:28, 154, 88, 155, 85, 63

2020/7/3 6:30, 131, 82, 139, 74, 61

2020/7/3 16:49, 145, 84, 139, 85, 73

2020/7/4 5:03, 152, 87, 131, 85, 63；

文件内各部分含义如下：测量时间，左臂高压，左臂低压，右臂高压，右臂低压，心率。根据题意，实现下述功能：

使用字典和列表类型进行数据分析，获取王爷爷的左臂血压和右臂情况的对比表，输出到屏幕上，请注意每列对齐。

学习效果评价

序号	评价内容	个人自评	同学互评	教师评价
1	能够掌握文件的创建方法			
2	能够掌握文件的打开方法			
3	能够掌握文件内容的读取方法			
4	能够掌握文件的写入方法			
5	能够掌握目录的操作方法			
6	能够掌握异常的类型和处理方法			
7	工匠精神：熟悉编程规范、代码命名规范，有详细、规范的注释			
8	举一反三：能根据所学的知识解决实际问题			
9	团队合作：与组员分工合作，解决所遇问题			
10	创新精神：不拘泥于固定思维，编程有创新			
评价标准				
A：能够独立完成技能测试，熟练掌握，灵活运用，有创新				
B：能够独立完成				
C：不能够独立完成，需在提示、帮助或指导下完成				
项目综合评价：>6 个 A，认定为优秀；4~6 个 A，认定为良好；<4 个 A，认定为及格				

模块八

面向对象程序设计

知识目标

1. 理解面向对象的编程思想；
2. 掌握类的定义方法和对象的创建方法；
3. 掌握类的实例化对象操作方法；
4. 理解并掌握继承的方法。

能力目标

1. 具有用面向对象程序开发的能力；
2. 具有正确定义类的能力；
3. 具有正确调用类的能力；
4. 具有运用面向对象程序设计思想解决问题的能力。

素质目标

1. 具有坚定的理想信念、强烈的家国情怀和民族自豪感；
2. 养成良好的编程习惯，具有规范严谨的工作作风、精益求精的大国工匠精神。

思政点融入

1. 面向对象——通过关于"对象"的案例，让学生感受认识"人民"，学习"为人民服务"的伟大精神，进而激发学生的民族自豪感和爱国情怀。
2. 继承——通过继承中国传统文化，增强学生的爱国主义情怀。

任务8.1　定义学生类——类和对象

【任务描述】设计一个 Student 类，在类中定义多个方法，其中构造方法用于接收学生的姓名、年龄并输入多门课程成绩，其他方法用于获取该学生的姓名和年龄，并求出所有成绩的最高分。

微课视频

【任务分析】Student 类是学生成绩管理系统以及学生信息管理系统的重要部分，是学校信息化管理的重要措施。

【任务实施】使用 Class 关键字定义 Student 类，采用类的方法获取姓名和年龄，通过 max( ) 函数获取成绩的最高分。

代码实现：

```python
class Student(object):
    def __init__(self,name,age,scores):
        self.__name = name
        self.__age = age
        self.__scores = scores
    def get_name(self):
        return self.__name
    def get_age(self):
        return self.__age
    def get_course(self):
        return max(self.__scores)
stu = Student("张三",18,[89,90,91,80,77])
print("姓名:% s"% (stu.get_name()))
print("年龄:% s"% (stu.get_age()))
print("最高分:% s"% (stu.get_course()))
```

运行结果：

```
姓名:张三
年龄:18
最高分:91
```

【任务相关知识链接】完成该任务需要的知识介绍如下：

前面学习的程序例题基本都是面向过程的，面向对象的程序设计思想首先定义类，在类中有属性和方法。调用时，先实例化，然后可以调用属性，也可以调用方法。

8.1.1　面向对象简介

面向对象程序设计（Object – Oriented Programming，OOP）是开发计算机应用程序的一种方法和思想。它可以大幅度地提高程序代码的复用率，更加有利于软件的开发、维护和升级。

面向对象是相对于面向过程而言的；面向过程是一种以时间为中心的编程思想，以功能或行为为导向，按模块化设计，也就是分析出解决问题所需的步骤，然后用函数把这些步骤一步步实现，使用的时候一个一个依次调用。面向对象是一种以事物为中心的编程思想，以数据或属性为导向，将具有一个或多个属性相同的物体抽象为类，将它们包装起来。有了类以后，再考虑它们的行为，把构成问题的事务分解为各个对象，建立对象的目的不是完成一个步骤，而是描述某个物体在整个解决问题的步骤中的行为。

举个例子：把大象放进冰箱。面向过程的设计思路是：把大象放进冰箱，第一步开冰箱，第二步将大象放进去，第三步关冰箱门；面向对象的设计思路是：把冰箱看成一个对象，把大象也看成一个对象，通过操作大象和冰箱这两个对象，完成将大象放入冰箱的过程。

可以明显地看出，面向对象是以功能来划分问题的，而不是步骤。

8.1.2 类与对象的关系

什么是对象？在生活中，像张三、李四、王五这样真真正正存在的人的实体，称为对象。

什么是类？类是一个抽象概念，当说到人类、猫类、犬类的时候，是无法具体到某一个实体的。

类是描述某一些对象的统称，对象是这个类的一个实例而已。

8.1.3 类的定义与访问

定义一个类可以采用下面的方式：

```
class 类名：
    属性1 = 值1
    ...
    属性n = 值n
    方法1
    ...
    方法n
```

在 Python 中使用 class 关键字定义类，类的名字紧随其后。注意，冒号不能缺失。最后换行并定义类的内部实现。类的名字需遵循与变量命名同样的规则，通常类的首字母需要大写。

举例：类的定义。

代码实现：

```
class Student：
    """Student 为学生类"""
print(Student.__doc__)
```

运行结果：

```
Student 为学生类
```

定义了类之后，需要对类进行访问，也叫类的实例化对象。可以采用"对象名.成员"的形式进行访问。

举例：类的实例化。

代码实现：

```
class Student：
    """Student 为学生类"""
    def info(self,name)：
        print("my name is ",name,".")
#类的实例化
stu = Student()
stu.info("张三")
```

运行结果：

```
my name is 张三.
```

8.1.4 对象的创建与使用

定义好类之后，就可以创建该类的对象（实例）。在 Python 中，用赋值的方式创建类的对象，一般格式如下：

```
对象名 = 类名(参数列表)
```

创建对象后，可以用实例对象来访问这个类的属性或方法。一般形式如下：

```
对象名.属性名
对象名.方法名(参数)
```

举例：类的实例方法。
代码实现：

```python
class Student(object):
    def __init__(self, name, score):
        self.name = name
        self.score = score
    def print_score(self):
        print("% s:% s" % (self.name, self.score))
student = Student("Jone", 99)
student.name
student.print_score()
```

运行结果：

```
Jone:99
```

任务 8.2 统计学生成绩——方法和属性

【任务描述】统计学生成绩。编写程序，封装一个学生类，要求属性包含姓名、年龄、性别、英语成绩、数学成绩、语文成绩。方法包含求总分、平均分，以及输出学生的信息。

微课视频

【任务分析】该问题是统计学生信息，要统计的信息包括学生的姓名、年龄、性别、三门课程的成绩，以及计算出总分和平均成绩。可以定义一个 Student 类，并设计类的方法 SumSdt、MeanSdt 和 InSdt，最后完成调用。

【任务实现】首先在 Student 类中定义__init__初始化方法，该方法将自动运行，不需要专门去调用。然后定义 SumSdt、MeanSdt 和 InSdt 三个方法。最后通过调用类的方法实现访问。

代码实现:

```python
class Student(object):
    def __init__(self, name, age, gender, Escore, Mscore, Cscore):
        self.name = name
        self.age = age
        self.gender = gender
        self.Escore = Escore
        self.Mscore = Mscore
        self.Cscore = Cscore
    def SumSdt(self):
        sumsdt = self.Cscore + self.Mscore + self.Escore
        return sumsdt
    def MeanSdt(self):
        meansdt = self.SumSdt()/3
        return meansdt
    def InSdt(self):
        print('学生姓名:', self.name)
        print('学生年龄:', self.age)
        print('学生性别:', self.gender)
        print('学生英语成绩:', self.Escore)
        print('学生数学成绩:', self.Mscore)
        print('学生语文成绩:', self.Cscore)
        print('总成绩:', self.SumSdt())
        print('平均成绩:', self.MeanSdt())
student = Student('Tom', 22, 'M', 88, 76, 95)
student.InSdt()
```

运行结果:

```
学生姓名:Tom
学生年龄:22
学生性别:M
学生英语成绩:88
学生数学成绩:76
学生语文成绩:95
总成绩:259
平均成绩:86.33333333333333
```

【任务相关知识链接】完成该任务需要的知识介绍如下:

属性就是类中的变量,在定义的类中定义的变量就是类的属性,方法就是类中的函数,在所定义的类中定义的函数就是类的方法。

8.2.1　属性

类中的变量称为属性,是类的数据结构中保存不同类型数据的方式,用户创建的变量可分为普通变量和静态变量。用户自定义的类都继承于一个系统定义的基类,因此,任何类所含有基类的属性,在 Python 中称为内置变量。

按面向对象概念分类,属性有私有属性、保护属性和公共属性。类中函数__init__()是类的构造函数,用于类生成对象时初始化对象。

1. 类属性与对象属性

类属性就是类的所有对象共享的属性，定义在类中（所有方法之外）。公有的类属性可以在类外通过类名或对象访问。对象属性要定义在方法之中，并且有对象名前缀（通常为 self），只能通过对象名访问。

举例：类的属性和对象属性实例。

代码实现：

```python
class Student(object):
    #类的属性
    count = 0
    def __init__(self, name):
        self.name = name #方法的属性
        Student.count += 1
sdt1 = Student('Bob')
sdt2 = Student('Tom')
sdt3 = Student('Frank')
print('共有% d个学生。'% Student.count)
```

运行结果：

```
共有 3 个学生。
```

2. 公有属性和私有属性

Python 中，私有属性的标识符名称是以两个下划线开头的，公有属性则没有下划线。类的私有属性一般只在类的内部使用，而公有属性没有限制。在类的外部使用时，需要采用以下的格式调用：

```
类名(对象名)._类名_私有属性名
```

举例：类的公有属性和私有属性使用实例。

代码实现：

```python
class Student(object):
    def __init__(self, name, idcard, score):
        self.name = name
        self.id = idcard
        self.__score = score
    def score(self):#通过方法间接使用对象的私有属性
        return self.__score
s1 = Student('张三',1,98)
print(s1.name)
print(s1.score())
```

运行结果：

```
张三
98
```

8.2.2　方法

和面向对象中的函数不同，在类中定义的函数称为方法。通过方法，让类这种数据结构具有"运动"的特征，即类不仅可以保存数据，还可以操作处理数据。其中，操作处理数据就是通过类中的方法实现的。类中的方法可分为普通方法、类方法、静态方法和类自带方法（即内置方法）四种。

1. 公有方法与私有方法

公有方法无须特别声明，私有方法的名字以两个下划线开头。每个对象都有自己的公有方法和私有方法，都可以访问属于类和对象的成员。公有方法可以通过对象直接调用，如果以类的方法调用，公有方法和私有方法需以参数的方式传入一个对象。

```
类名.公有方法名(对象名)
```

私有方法可以通过以下方法调用：

```
对象名._类名_私有方法名()或类名._类名_私有方法名(对象名)
```

举例：公有方法和私有方法实例。

代码实现：

```
class Methods:
    def publicMethod(self):
        return "公有方法"
    def __privateMethod(self):
        return "私有方法"
m = Methods()
print("以对象的方式调用公有方法:",m.publicMethod())
print("以类的方式调用公有方法:",Methods.publicMethod(m))
print("以对象的方式调用私有方法:",m._Methods__privateMethod())
print("以类的方式调用私有方法:",Methods._Methods__privateMethod(m))
```

运行结果：

```
以对象的方式调用公有方法:公有方法
以类的方式调用公有方法:公有方法
以对象的方式调用私有方法:私有方法
以类的方式调用私有方法:私有方法
```

2. 类方法和静态方法

类方法定义，可以用@ classmethod 指令的方式定义；静态方法的定义，可以用@ static-method 指令的方式定义。类方法和静态方法都可以通过类名和对象名进行调用，但不能直接访问属于对象的成员，只能访问属于类的成员。一般用 cls 作为类方法的第一个参数，也可以用其他名称，调用类方法时，不需要为该参数传递参数。

举例：类方法和静态方法实例。

代码实现：

```
class Test(object):
    hello_world = "Hellow world!"
    def __init__(self,arg = None):
        super(Test,self).__init__()
        self.arg = arg
    def say_hello(self):
        print("hello world")
    @ staticmethod
    def say_bad():
        print("say bad")
    @ classmethod
    def say_good(cls):
        print("say good")
        print(cls.hello_world)
        #cls.say_hello()
        cls.say_bad()
def main():
    test = Test()
    test.say_hello()
    #直接类名.方法名()来调用
    Test.say_bad()
    #直接类名.方法名()来调用
    Test.say_good()
    #对象名.方法名()来调用
    test.say_bad()
    #对象名.方法名()来调用
    test.say_good()
if __name__ = ='__main__':
    main()
```

运行结果：

```
hello world
say bad
say good
Hellow world!
say bad
say bad
say good
Hellow world!
say bad
```

任务 8.3 　站在巨人的肩膀上——继承

【任务描述】编写一个 Person 类，再定义一个 Student 类，Student 类继承 Person 类。在派生的过程中增加 major、dept 属性。

微课视频

【任务分析】定义一个 Student 类，包含姓名 name、性别 gender、年龄 age，还包含所学专业 major、所在系别 dept，那么就没必要重新定义 Student 类，只要从已经定义的Person类中派生与继承过来就可以了。

【任务实现】首先定义一个 Person 类，包括 name、gender、age 属性，派生出 Student 类，增加 major、dept 属性，这样 Student 就具有 name、gender、age、major、dept 全部属性了。

代码实现：

```
class Person:
    def __init__(self,name,gender,age):
        self.name = name
        self.gender = gender
        self.age = age
    def show(self):
        print(self.name,self.gender,self.age)
class Student(Person):
    def __init__(self,name,gender,age,major,dept):
        Person.__init__(self,name,gender,age)
        self.major = major
        self.dept = dept
    def show(self):
        Person.show(self)
        print(self.major,self.dept)
s = Student('james','male',18,'english','math')
s.show()
```

运行结果：

```
james male 18
english math
```

【任务相关知识链接】完成该任务需要的知识介绍如下：

面向对象的特点就是类的扩展和继承，继承是实现子类继承父类的方法和属性，继承可分为单继承与多继承。

8.3.1　单继承

继承性是面向对象程序设计的重要特征，Python 提供了类的继承机制。这种继承机制为代码复用带来了方便，它可以通过扩展或修改一个已有的类来新建类，新类可以继承现有类的公有属性和方法，同时，可以定义新的属性和方法。已经存在的类称为"基类"或"父类"，新建的类称为"子类"或"派生类"。

单继承派生类定义格式：

```
class SubClass (BaseClass ):
    类体定义部分
```

举例：单继承实例。

代码实现：

```
class Parent(object):
    def __init__(self):
        self.parent = 'I am the parent.'
        print('parent')
    def bar(self,message):
        print('% s from Parent'% message)
class Child(Parent):
    def __init__(self):
        super().__init__()
        print('child')
    def bar(self,message):
        super().bar(message)
        print('Child bar fuction')
        print(self.parent)#继承父类属性
C = Child()
C.bar('HelloWorld! ')
```

运行结果：

```
parent
child
HelloWorld! from Parent
Child bar fuction
I am the parent.
```

8.3.2　多继承

多继承即一个类继承多个类，从而具有多个类的数据和特征。Python 虽然支持多继承，但是 Python 支持的多继承是有限的。需要注意多继承中子类继承父类时不同父类的查找顺序。

多继承派生类定义格式：

```
class SubClass (BaseClass1, BaseClass2, ...):
    类体定义部分
```

Python 多继承要点具体如下：

（1）可以继承多个类。

（2）继承类分为经典类和新式类。

（3）当前类或者父类继承了 Object 类时，那么该类便是新式类，否则，便是经典类。

（4）经典类时，多继承会按照深度优先查找覆盖方法。

（5）新式类时，多继承会按照广度优先查找覆盖方法。

（6）子类中，super()可以调用父类的属性和方法。

举例：多继承实例。

代码实现：

```
class Human:
    def __init__(self, sex):
        self.sex = sex
    def p(self):
        print("这是 Human 的方法")
class Person:
    def __init__(self, name):
        self.name = name
    def p(self):
        print("这是 Person 的方法")
    def person(self):
        print("这是 person 特有的方法")
class Student(Human, Person):
    def __init__(self, name, sex, age):
        #要想调用特定父类的构造方法,可以使用父类名.__init__方式
        Human.__init__(self,sex)
        Person.__init__(self,name)
        self.age = age
# ------创建对象 --------------
stu = Student("Tom", "Male", 18)
print(stu.name,stu.sex,stu.age)
stu.p()
stu.person()
```

运行结果：

```
Tom Male 18
这是 Human 的方法
这是 person 特有的方法
```

实例 20 学生成绩管理系统

实例目标：使用面向对象编程开发简单的项目。

实例内容：基本信息管理模块的主要功能有学生信息的添加、删除、修改、显示和学生数据的导入/导出，学生成绩管理模块的主要功能有统计课程最高分、最低分和平均分。具体的功能结构图如图 8-1 所示。

微课视频

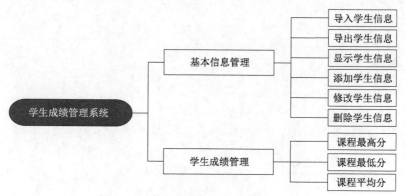

图 8-1 学生成绩管理系统功能结构图

代码实现：

```
import os
class Student:
    def __init__(self,no,name,chinese,math,english):
        self.no = no
        self.name = name
        self.chinese = int(chinese)
        self.math = int(math)
        self.english = int(english)
class StudentList:
    def __init__(self):
        self.stulist = []
    def show(self):
        #显示学生信息
        print('{:8} \t{:8} \t{:8} \t{:8} \t{:8}'
                .format('学号','姓名','语文','数学','英语'))
        for stu in self.stulist:
            print('{:8} \t{:8} \t{: <8} \t{: <8} \t{: <8}'
                .format(stu.no,stu.name,stu.chinese,stu.math,stu.english))
    def __enterScore(self,message):
        #成绩输入
        while True:
            try:
                score = input(message)
                if 0 < = int(score) < =100:
                    break
                else:
                    print("输入错误,成绩应在 0 到 100 之间")
            except:
                print("输入错误,成绩应在 0 到 100 之间")
        return score
    def __exists(self,no):
        #判断学号是否存在
        for stu in self.stulist:
            if stu.no = =no:
                return True
            else:
                return False
    def insert(self):
        #添加学生信息
        while True:
            no = input('学号:')
            if self.__exists(no):
                print('该学号已存在')
            else:
                name = input('姓名:')
                chinese = self.__enterScore('语文成绩:')
                math = self.__enterScore('数学成绩:')
```

```
                english = self.__enterScore('英语成绩:')
                stu = Student(no,name,chinese,math,english)
                self.stulist.append(stu)
            choice = input('继续添加(y/n)? ').lower()
            if choice = = 'n':
                break
    def delete(self):
        #删除学生信息
        while True:
            no = input('请输入要删除的学生学号:')
            for stu in self.stulist[::]:
                if stu.no = = no:
                    self.stulist.remove(stu)
                    print('删除成功')
                    break
                else:
                    print('该学号不存在')
            choice = input('继续删除(y/n)? ').lower()
            if choice = = 'n':
                break
    def update(self):
        #修改学生信息
        while True:
            no = input('请输入要修改的学生学号:')
            if self.__exists(no):
                for stu in self.stulist:
                    if stu.no = = no:
                        stu.name = input('姓名:')
                        stu.chinese = int(self.__enterScore('语文成绩:'))
                        stu.math = int(self.__enterScore('数学成绩:'))
                        stu.english = int(self.__enterScore('英语成绩:'))
                        print('修改成功')
                        break
            else:
                print('该学号不存在')
            choice = input('继续修改(y/n)? ').lower()
            if choice = = 'n':
                break
    def load(self,fn):
        #导入学生信息
        if os.path.exists(fn):
            try:
                with open(fn,'r',encoding = 'utf - 8')as fp:
                    while True:
                        fs = fp.readline().strip('\n')
                        if not fs:
                            break
                        else:
                            stu = Student( * fs.split(','))
```

```
                    if self.__exists(stu.no):
                        print('该学号已存在')
                    else:
                        self.stulist.append(stu)
            print('导入完毕')
        except:
            print('error...')#要导入的文件不是utf-8编码,或是字段数不匹配等
    else:
        print('要导入的文件不存在')
def save(self,fn):
    #导出学生信息
    with open(fn,'w',encoding='utf-8')as fp:
        for stu in self.stulist:
            fp.write(stu.no +',')
            fp.write(stu.name +',')
            fp.write(str(stu.chinese) +',')
            fp.write(str(stu.math) +',')
            fp.write(str(stu.english) +'\n')
        print("导出完毕")
def scoreavg(self):
    #求课程平均分
    length = len(self.stulist)
    if length > 0:
        chinese_avg = sum([stu.chinese for stu in self.stulist])/length
        math_avg = sum([stu.math for stu in self.stulist])/length
        english_avg = sum([stu.english for stu in self.stulist])/length
        print('语文成绩平均分是:% .2f'% chinese_avg)
        print('数学成绩平均分是:% .2f'% math_avg)
        print('英语成绩平均分是:% .2f'% english_avg)
    else:
        print('尚没有学生成绩...')
def scoremax(self):
    #求课程最高分
    if len(self.stulist) > 0:
        chinese_max = max([stu.chinese for stu in self.stulist])
        math_max = max([stu.math for stu in self.stulist])
        english_max = max([stu.english for stu in self.stulist])
        print('语文成绩最高分是:% d'% chinese_max)
        print('数学成绩最高分是:% d'% math_max)
        print('英语成绩最高分是:% d'% english_max)
    else:
        print('尚没有学生成绩...')
def scoremin(self):
    #求课程最低分
    if len(self.stulist) > 0:
        chinese_min = min([stu.chinese for stu in self.stulist])
        math_min = min([stu.math for stu in self.stulist])
        english_min = min([stu.english for stu in self.stulist])
        print('语文成绩最低分是:% d'% chinese_min)
```

```python
            print('数学成绩最低分是:%d'% math_min)
            print('英语成绩最低分是:%d'% english_min)
        else:
            print('尚没有学生成绩...')

    def infoprocess(self):
        #基本信息管理
        print('学生基本信息管理'.center(20,'-'))
        print('load ---------- 导入学生信息')
        print('insert -------- 添加学生信息')
        print('delete -------- 删除学生信息')
        print('update -------- 修改学生信息')
        print('show ---------- 显示学生信息')
        print('save ---------- 导出学生信息')
        print('return -------- 返回')
        print('-'*28)
        while True:
            s = input('info >').strip().lower()
            if s == 'load':
                fn = input('请输入要导入的文件名:')
                self.load(fn)
            elif s == 'show':
                self.show()
            elif s == 'insert':
                self.insert()
            elif s == 'delete':
                self.delete()
            elif s == 'update':
                self.update()
            elif s == 'save':
                fn = input('请输入要导出的文件名:')
                self.save(fn)
            elif s == 'return':
                break
            else:
                print('输入错误')
    def scoreprocess(self):
        #学生成绩统计
        print('学生成绩统计'.center(24,'='))
        print('avg     -------- 课程平均分')
        print('max     -------- 课程最高分')
        print('min     -------- 课程最低分')
        print('return -------- 返回')
        print(''.center(30,'='))
        while True:
            s = input('score >').strip().lower()
            if s == 'avg':
                self.scoreavg()
```

```
                elif s = ='max':
                    self.scoremax()
                elif s = ='min':
                    self.scoremin()
                elif s = ='return':
                    break
                else:
                    print('输入错误')
    def main(self):
        #主控函数
        while True:
            print('学生信息管理系统 V1.0'.center(24,'='))
            print('info   -------学生基本信息管理')
            print('score -------学生成绩统计')
            print('exit   -------退出系统')
            print(''.center(32,'='))
            s = input('main >').strip().lower()
            if s = ='info':
                self.infoprocess()
            elif s = ='score':
                self.scoreprocess()
            elif s = ='exit':
                break
            else:
                print('输入错误')


if __name__ = ='__main__':
    st = StudentList()
    st.main()
```

运行结果：

```
======学生成绩管理系统 V1.0 ======
info   -------学生基本信息管理
score -------学生成绩统计
exit   -------退出系统
============================
main > score
=========学生成绩统计 =========
avg   -------课程平均分
max   -------课程最高分
min   -------课程最低分
return -------返回
============================
```

模块总结

本模块主要介绍了面向对象编程，包括类的定义、类的属性、类的方法。类的属性和方法包括系统自带的属性和方法，以及用户自定义的属性和方法，同时，还有构造方法、各类属性等。此外，通过介绍类和对象的知识，帮助读者学会运用 Python 实现面向对象的三大特征，包括继承、封装、多态等。

模块测试

知识测试

一、单选题

1. 面向对象的三大特征中不包括（　　　）。

A. 继承　　　　　　B. 封装　　　　　　　　C. 多态　　　　　　D. 循环

2. 定义一个类的关键字是（　　　）。

A. class　　　　　　B. def　　　　　　　　C. key　　　　　　　D. import

3. 下列创建类的方法中，正确的是（　　　）。

A. Class food( )：　　　　　　　　　　　B. Class Food( )：

C. class Food( )　　　　　　　　　　　　D. class Food( )：

4. 以下代码创建了一个 football 对象：

```
football = Ball()
```

调用 football 对象的 play 方法，下列选项正确的是（　　　）。

A. Football. play( )　　　　　　　　　　B. football. Play( )

C. football. play( )　　　　　　　　　　D. football. play

5. 关于面向过程和面向对象，下列说法中，错误的是（　　　）。

A. 面向过程和面向对象都是解决问题的一种思路

B. 面向过程是基于面向对象的

C. 面向过程强调的是解决问题的步骤

D. 面向对象强调的是解决问题的对象

二、填空题

1. _____是用来描述具有相同的属性和方法的对象的集合。

2. _____是面向对象程序设计的英文缩写。

3. 类的初始化方法为_____。

4. 面向对象编程的三大特性是封装、_____、多态。

5. Python 使用关键字_____来定义类。

6. 类的方法中必须有一个_____参数，位于参数列表的开头。

三、简答题

1. 请简述面向对象程序设计的概念。

2. 什么是类？什么是对象？类和对象的关系是什么？

3. 简单解释 Python 中以下划线开头的变量的特点。

四、编程题

1. 设计一个学生类，要求一个计数器的属性，用于统计学生人数。

2. 定义一个汽车类（Car），属性有颜色、品牌、车牌号、价格，并实例化两个对象，给属性赋值，并输出属性值。

3. 定义一个球员类（Player），属性有身高、体重、姓名。实例化两个球员，分别是姚明和格里芬。

技能测试

基础任务

1. 设计 Bird（鸟）类、Fish（鱼）类，都继承自 Animal（动物）类，用方法 print_info( ) 输出信息，要求动物的名称和年龄能够对数化，参考输出结果如下所示：

我是一只美丽的鸟

我今年 8 岁了

我是条红色的鱼

我今年 10 岁了

2. 设计长方形类 Rect 和正方形类 Squa，每个类均包含计算周长和面积的方法，长方形以正方形为基类，正方形默认边长 10 cm，长方形宽为 20 cm。

拓展任务

1. 采用面向对象的方法求解下式，精度要求为保留小数点后 5 位。

$$s = 1 + \frac{1}{3} + \frac{1}{5} + \cdots + \frac{1}{2n-1}$$

2. 创建圆基类 Circle，设置属性：半径（默认值为 10），方法：求周长 circlezc( ) 和面积 circlemj( )。创建子类球 Ball( )，以圆类为基类，无新属性，方法有：求表面积 ballbmj( ) 和体积 balltj( )。

（1）输出圆的默认周长和面积，以及修改属性值之后的周长和面积。

（2）输出球的默认表面积和体积，以及修改属性值之后的表面积和体积。

学习效果评价

序号	评价内容	个人自评	同学互评	教师评价
1	能够定义一个类			
2	能够访问类的属性			
3	能够访问类的方法			
4	能够实现类的继承			
5	工匠精神：熟悉编程规范、代码命名规范，有详细、规范的注释			
6	举一反三：能根据所学的知识解决实际问题			
7	团队合作：与组员分工合作，解决所遇问题			
8	创新精神：不拘泥于固定思维，编程有创新			
评价标准				
A：能够独立完成技能测试，熟练掌握，灵活运用，有创新				
B：能够独立完成				
C：不能够独立完成，需在提示、帮助或指导下完成				
项目综合评价：>6个A，认定为优秀；4~6个A，认定为良好；<4个A，认定为及格				

第三部分　Python 深入应用

模块九

正则表达式

知识目标

1. 理解正则表达式的概念；
2. 掌握正则表达式的语法和使用方法；
3. 掌握正则表达式的匹配规则；
4. 理解 re 模块的常用方法。

能力目标

1. 具有阅读正则表达式匹配规则的能力；
2. 具有运用 re 模块及函数解决问题的能力；
3. 具有运用正则表达式解决问题的能力。

素质目标

1. 具有坚定的理想信念、强烈的家国情怀和民族自豪感；
2. 养成良好的编程习惯，具有规范严谨的工作作风、精益求精的大国工匠精神。

思政点融入

正则表达式——通过关于"规则"的案例，让学生感受"无规则不成方圆"，教育学生要遵纪守法，做对社会有益的人才。

任务 9.1 过滤正确的 24 小时时间制——正则表达式

【**任务描述**】过滤正确的 24 小时时间制，采用正则化的方法进行过滤。

【**任务分析**】采用正则化的方法进行过滤，用到 re 模块的 findall( ) 函数进行匹配。

【**任务实施**】首先导入 re 模块，然后设计正则化规则为：r'\b([01]？[0 - 9]|2[0 - 4])(:)([0 - 5][0 - 9])'，最后采用 findall( ) 函数进行匹配。

微课视频

代码实现：

```
import re
time ='10:00,99:90,8:00,19:19:14:00pm,5:xm,6,00,8:0923:23pm,29:19pm,23:59'
patt = r'\b([01]？[0 -9]|2[0 -4])(:)([0 -5][0 -9])'
match = re.findall(patt,time)
if match:
    print([".join(x)for x in match])
```

运行结果：

```
['10:00','8:00','19:19','14:00','8:09','23:59']
```

【任务相关知识链接】完成该任务需要的知识介绍如下：

正则表达式主要处理字符串。文本匹配的工具和库，不仅在 Python 中使用，各编程语言都会用到。

9.1.1 正则表达式的概念

正则表达式（Regular Expression）是一段字符串，它可以表示一段有规律的信息。Python 自带一个正则表达式模块，通过这个模块可以查找、提取、替换一段有规律的信息。

在程序开发中，要让计算机程序从一大段文本中找到需要的内容，就可以使用正则表达式来实现。

使用正则表达式的步骤如下：

（1）寻找规律。

（2）使用正则符号表示规律。

（3）提取信息。

9.1.2 模式字符串组成

正则表达式使用单个字符串来描述、匹配一系列匹配某个句法规则的字符串。

例如：Windows 下，输入 "file?.doc" 的搜索模式，将会查找到下列文件：file1.doc、file2.doc、file3.doc。

输入 "file∗.doc"，则会找到以下示例文件：file.doc、file1.doc、file2.doc、file12.doc、filexyz.doc。

1. 普通字符正则表达式

用英文字母、数字和标点符号来构成一个字符串的模式。

举例：普通字符正则表达式实例。

代码实现：

```
import re #导入 re 模块
key = "pear apple orange" #要匹配的文本
p = r"apple"#正则表达式规则
pattern = re.compile(p)#编译这段正则表达式
matcher = re.search(pattern,key)#在字符串中搜索符合正则表达式的部分
print(matcher.group(0))
print(re.search(pattern,key).span())#输出匹配上字符串的位置范围
```

运行结果：

```
apple
(5,10)
```

2. 常用正则表达式

具体含义见表 9 – 1。

表 9 – 1　常用正则表达式含义

实　　例	含　　义
python	匹配"python"
[Pp]ython	匹配"Python"或"python"
Sub[y|e]	匹配"Suby"或"Sube"
[aeiou]	匹配任意元音字母
[^aeiou]	匹配除 a、e、i、o、u 之外的所有字符
[0 – 9]	匹配数字
[a – z]	匹配小写字母
[A – Z]	匹配大写字母
[a – z A – Z 0 – 9]	匹配任何数字和字母
+	匹配前面的子表达式一次或多次
.	匹配除"\n"以外的任何单个字符
\d	匹配一个数字字符，等价于[0 – 9]
\D	匹配一个非数字字符，等价于[^0 – 9]
\w	匹配包括下划线的任何单词字符
\W	匹配任意非单词字符

举例：常用正则表达式实例。

代码实现：

```
import re #导入 re 模块
print(re.search(r'Pytho.','I love Python.com'))
print(re.search(r'\d\d\d','I love 123 FishC.com'))
print(re.search(r'\D+','123abc456'))
print(re.search(r'[aeiouAEIOU]','I love FishC.com'))#匹配一个元音字符
print(re.search(r'[^aeiouAEIOU]','Idon't love Python'))#匹配一个非元音字符
print(re.search(r'[0 – 9]','I love 123 Python.com'))
```

运行结果：

```
<re.Match object;span = (7,13),match = 'Python'>
<re.Match object;span = (7,10),match = '123'>
<re.Match object;span = (3,6),match = 'abc'>
<re.Match object;span = (0,1),match = 'I'>
<re.Match object;span = (5,7),match = 't'>
<re.Match object;span = (7,8),match = '1'>
```

3. 特殊字符正则表达式

具体含义见表 9 – 2。

表 9 - 2　特殊字符正则表达式含义

特殊字符	含　义
^	匹配输入字符串的开始位置，如果设置了 re. MULTILINE 标志，^也匹配换行符后的位置。在方括号中使用时，表示不接受该字符集合。要匹配^字符本身，需要使用\^
$	匹配输入字符串的结束位置，如果设置了 re. MULTILINE 标志，$也匹配换行符之前的位置，要匹配 $字符本身，需要使用\$
( )	匹配圆括号中的正则表达式，或者指定一个子组的开始和结束位置。注：子组内容可以在匹配之后被"\数字"再次引用。要匹配圆括号本身，需要\( )
*	匹配前面的子表达式零次或多次，等价于{0,}，要匹配 *字符本身，需要使用\ *
+	匹配前面的子表达式零次或多次，等价于{1,}，要匹配 +字符本身，需要使用\ +
?	匹配前面的子表达式零次或一次，等价于{0,1}，要匹配? 本身，需要使用\?

举例：特殊字符正则表达式实例。

代码实现：

```
import re
#从字符串开始位置,匹配由一到多个数字后连接"abc"字符串
print(re.search(r'^[0-9]+abc$','123abc'))
print(re.search(r'ab{3}c','abbbbbcdefg'))#字符'b'多于3次则匹配失败
print(re.search(r'ab{3,10}c','abbbbbcdefg'))#指定重复次数范围则匹配成功
print(re.search(r'\d{3}-\d{3}-\d{4}','800-555-1212'))#匹配电话号码
print(re.search(r'\w+@\w+.com','xxx@163.com'))    #匹配电子邮件地址
print(re.search(r'(([01]{0,1}\d{0,1}\d|2[0-4]\d|25[0-5])\.){3}([01]
    {0,1}\d{0,1}\d|2[0-4]\d|25[0-5])','192.168.1.1'))
```

运行结果：

```
<re.Match object;span=(0,6),match='123abc'>
None
<re.Match object;span=(0,7),match='abbbbbc'>
<re.Match object;span=(0,12),match='800-555-1212'>
<re.Match object;span=(0,11),match='xxx@163.com'>
None
```

9.1.3　re 模块的贪婪匹配和最小匹配

1. re 库默认采用贪婪匹配

虽然 'PY. * N' 匹配字符串 'PY1N22N33N' 可以得到 PY1N、PY1N22N、PY1N22N33N，但是 Re 库默认采用贪婪匹配，即输出最长的字符串 PY1N22N33N。

举例：贪婪匹配实例。

代码实现：

```
import re
"""
# 特别字符 * 表示匹配前面的子表达式零次或多次
# 特别字符 . 匹配除换行符 \n 之外的任何单字符
# PY.*N 表示匹配 PY 开头 N 结尾的字符串
"""
match = re.search(r'PY.*N','PY1N22N33N')
# 虽然'PY.*N'匹配字符串'PY1N22N33N'可以得到 PY1N,PY1N22,PY1N22N33N
# 但是 re 库默认采用贪婪匹配,即输出最长的字符串,故输出结果为 PY1N22N33N
print(match.group(0))
```

运行结果：

```
PY1N22N33N
```

2. 最小匹配的具体操作符含义（表9-3）

表9-3 最小匹配操作符含义表

操作符	说　　明
*?	前一个字符串 0 次或无限次拓展的最小匹配
+?	前一个字符串 1 次或无限次拓展的最小匹配
??	前一个字符串 0 次或 1 次拓展的最小匹配
(m, n)	拓展前一个字符串 m~n(含 n)的最小匹配

举例：最小匹配实例。

代码实现：

```
import re
# 如果想要得到最短字符串,可以使用操作符*?,即加一个问号?
match = re.search(r'PY.*? N','PY1N22N33N')
# 最小匹配的输出结果
print(match.group(0))
```

运行结果：

```
PY1N
```

任务 9.2　提取排名 Top25 的电影详细参数——re 模块及其主要功能函数

微课视频

【任务描述】从豆瓣电影网上获取 Top25 的电影，包括电影的名称、发行年份、大众评分，以及评分人数。

【任务分析】该任务是网络爬取电影信息，需要爬取电影的相关信息包括电影名、年份、评分以及评分人数。显然要用到网络爬取的相关知识。

【任务实现】首先通过 requests 库获取网页源代码，然后使用正则化对源代码进行分析过滤，获得相关的信息。再将过滤后的信息以表格的形式显示出来，并保存到 csv 文件中。

代码实现：

```
import requests
import re
import prettytable as pd
import csv
# 评分排行榜的网址
url = 'https://movie.douban.com/top250? start = %270%27&filter ='
headers = {'User - Agent':'Mozilla/5.0 (Linux;Android 6.0;Nexus 5 Build/MRA58N)
AppleWebKit/537.36 (KHTML,like Gecko)Chrome/103.0.0.0 Mobile Safari/537.36'}
response = requests.get(url,headers = headers)
result = response.text
p = re.compile(r'<li >.*? <span class = "title" >(? P<name >.*?) </span >.
*? <br >(? P<year >.*?) '
                r'.*? <span class = "rating_num" property = "v:average" >(? P<
score >.*?) </span >'
                r'.*? <span >(? P<num >.*?) </span >', re.S)
# 格式化输出
table = pd.PrettyTable()
# 设置表头
table.field_names = ['电影名','年份','评分','评分人数']
for it in p.finditer(result):
    # 添加表数据
    table.add_row([it.group('name'),it.group('year').strip(),it.group('score'),
it.group('num')])
print(table)
# 以追加的形式打开文件
f = open('data.csv',mode = 'a')
csv_write = csv.writer(f)
for it in p.finditer(result):
    # 将迭代器 it 转换为字典
    dic = it.groupdict()
    dic['year'] = dic['year'].strip()
    csv_write.writerow(dic.values())
print('写入完成')
```

运行结果：

电影名	年份	评分	评分人数
肖申克的救赎	1994	9.7	2868165 人评价
霸王别姬	1993	9.6	2119485 人评价
阿甘正传	1994	9.5	2140880 人评价
泰坦尼克号	1997	9.5	2166484 人评价
这个杀手不太冷	1994	9.4	2277182 人评价
千与千寻	2001	9.4	2221892 人评价
美丽人生	1997	9.6	1314896 人评价
辛德勒的名单	1993	9.6	1095660 人评价
星际穿越	2014	9.4	1811173 人评价
盗梦空间	2010	9.4	2041079 人评价
楚门的世界	1998	9.4	1684742 人评价
忠犬八公的故事	2009	9.4	1388472 人评价
海上钢琴师	1998	9.3	1663362 人评价
三傻大闹宝莱坞	2009	9.2	1843040 人评价
放牛班的春天	2004	9.3	1298804 人评价
机器人总动员	2008	9.3	1304235 人评价
无间道	2002	9.3	1348485 人评价
疯狂动物城	2016	9.2	1910412 人评价
控方证人	1957	9.6	545882 人评价
大话西游之大圣娶亲	1995	9.2	1519697 人评价
熔炉	2011	9.4	923395 人评价
教父	1972	9.3	957018 人评价
触不可及	2011	9.3	1100654 人评价
当幸福来敲门	2006	9.2	1506666 人评价
怦然心动	2010	9.1	1815484 人评价

【任务相关知识链接】完成该任务需要的知识介绍如下：

requests 模块，为第三方库，需要采用 pip 进行安装，具体运行语句为 pip install requests。此外，还需要学习 re 模块，该模块是内置模块，主要用来处理正则表达式。

Python 语言中，可以使用 re 模块的内置模块来处理正则表达式。re 模块主要包括编译正则表达式的函数和各种匹配函数。为便于理解，以下函数语法格式做了简化。

1. compile() 函数

功能：编译正则表达式。

语法格式：compile(source,filename,mode)

举例：compile()函数实例。

代码实现：

```
import re
pattern = re.compile(r'([a-z]+)([a-z]+)',re.I)
m = pattern.match('Hello World Wide Web')
m.group()
```

运行结果：

```
'Hello Word'
```

2. match()函数

功能：从字符串的起始位置匹配一个模式，如果不是起始位置匹配成功，match()就返回 None。若匹配成功，则返回匹配上的索引位置。

语法格式：re. match(pattern,string)

举例：match()函数实例。

代码实现：

```
import re
print(re.match(r'How','How are you').span())   # 在起始位置匹配
print(re.match(r'are','How are you'))   # 不在起始位置匹配
```

运行结果：

```
(0,3)
None
```

3. search()函数

功能：扫描整个字符串并返回第一个成功的匹配。若匹配成功，则返回匹配上的对象实例；否则，返回 None。

语法格式：re. search(pattern,string)

举例：search()函数实例。

代码实现：

```
import re
content = 'Hello 123456789 Word'
print(re.search('(\d+)',content))#匹配字符串中的数字
```

运行结果：

```
< re.Match object;span = (6,15),match = '123456789'>
```

4. findall( )函数

功能：在字符串中查找所有符合正则表达式的字符串，并返回这些字符串的列表；否则，返回 None。

语法格式：re. findall(pattern,string)

举例：findall( )函数实例。

代码实现：

```
import re
print(re.findall("a|b","abcabc"))
kk = re.compile(r'\d+')
kk.findall('one1two2three3four4')
re.findall(kk,"one1234")
```

运行结果：

```
['a','b','a','b']
['1234']
```

5. sub( )和 subn( )函数

功能：这两个函数都是用来实现搜索并替换功能的，都是将某个字符串中所有匹配正则表达式的部分进行某种形式的替换。sub( )函数返回一个用来替换的字符串，subn( )函数还可以返回一个表示替换的总数，替换后的字符串和表示替换总数的数字一起作为一个拥有两个元素的元组返回。

语法格式：

```
re.sub(pattern,repl,string)
re.subn(pattern,repl,string)
```

举例：sub( )和 subn( )函数实例。

代码实现：

```
import re
str = "hello 123 world 456"
print(re.sub('\d+','222',str))
print(re.subn('\d+','222',str))
```

运行结果：

```
hello 222 world 222
('hello 222 world 222',2)
```

6. split( )函数

re 模块的 split( )方法与字符串的 split( )方法相似，前者是根据正则表达式分割字符串，相比后者，显著提升了字符分割能力。

语法格式：

```
re.split(pattern,string)
```

举例：split( )函数实例。

代码实现：

```
import re
str ='aaa bbb ccc;ddd \teee,fff'
print(str)
print(re.split(r';',str))              #单字符分割
print(re.split(r'[;,]',str))           #两个字符以上切割需要放在[ ]中
print(re.split(r'[;,\s]',str))         #增加空白字符切割
```

运行结果：

```
aaa bbb ccc;ddd eee,fff
['aaa bbb ccc','ddd \teee,fff']
['aaa bbb ccc','ddd \teee','fff']
['aaa','bbb','ccc','ddd','eee','fff']
```

实例 21　编程程序，判断一个字符串是否为正确的 IP 地址

实例目标：正确使用正则化解决问题。

实例内容：①拿到 IP，先看是否有分割。②把字符串以"."分割，生成一个新的列表。③判断这个新列表的 len 长度是否为 4。④判断列表里的元素是否在 0～255 区间，并且是否只由数字组成，是则为 IP，不是则不为 IP。

微课视频

代码实现：

```
ip_str ='192.168.0.1'
ip_list = ip_str.split(".")# 将字符串按点分割成列表
print(ip_list)
flag = True
for num in ip_list:
    if len(ip_list) = =4 and num.isdigit()and 0  < = int(num) < =255:
        continue
    else:
        flag = False
        break
if flag:
    print("字符串是合法的 IP 地址")
else:
print("字符串不是合法 IP 地址")
```

运行结果：

```
['192','168','0','1']
字符串是合法的 IP 地址
```

模块总结

本模块主要介绍了正则表达式的概念、语法和使用方法，以及正则表达式的匹配规则和方法，并对相关实例进行剖析和练习。本模块还对 re 模块及函数进行了介绍，并对实例进行练习。正则表达式常被用于检索、替换符合某些规律的文本，灵活使用正则表达式可以精简程序，提高运行效率。

模块测试

知识测试

一、单选题

1. 正则表达式使用 Python 中的（　　　）模块。

A. sys   B. re   C. os   D. time

2. 不属于正则表达式的步骤是（　　　）。

A. 寻找规律   B. 查找正则化标识

C. 提取信息   D. 使用正则符号表示规律

3. 在正则化表达式中可以用来表示 0 个或 1 个的是（　　　）。

A. +   B. ?   C. ^   D. *

二、填空题

1. 转义字符'\n'的含义是_____。

2. findall( ) 函数的功能是在字符串中查找所有符合正则表达式的字符串，并返回这些字符串的_____。

3. re 模块主要包括_____函数和各种_____函数。

三、简答题

1. sub( ) 和 subn( ) 函数的区别是什么？

2. 用简单的语言描述贪婪匹配和最小匹配。

四、编程题

1. 定义一个正则表达式，用于验证国内的所有手机号码。

2. 提示用户输入一个字符串，程序使用正则表达式获取该字符串中第一次重复出现的英文字母（包括大小写）。

技能测试

基础任务

1. 提示用户输入自己的名字、年龄、身高，并将该用户信息以 JSON 格式保存在文件中。再写一个程序读取刚刚保存的 JSON 文件，恢复用户输入的信息。

2. 给定一个字符串，该字符串只包含数字 0 ~ 9、英文逗号、英文点号，请使用英文逗号、英文点号将它们分割成多个子串。

拓展任务

定义函数 countchar( )，按字母表顺序统计字符串中所有出现字母的个数（允许输入大写字符，并在计数时不区分大小写）。

学习效果评价

序号	评价内容	个人自评	同学互评	教师评价
1	能够编写正则化程序			
2	能够运用 re 模块的函数编写程序			
3	能够实现简单的网络爬取程序			
4	能够实现正则化匹配			
5	工匠精神：熟悉编程规范、代码命名规范，有详细、规范的注释			
6	举一反三：能根据所学的知识解决实际问题			
7	团队合作：与组员分工合作，解决所遇问题			
8	创新精神：不拘泥于固定思维，编程有创新			
评价标准				
A：能够独立完成技能测试，熟练掌握，灵活运用，有创新				
B：能够独立完成				
C：不能够独立完成，需在提示、帮助或指导下完成				
项目综合评价：>5 个 A，认定为优秀；4~5 个 A，认定为良好；<4 个 A，认定为及格				

模块十

综合项目实战

知识目标

1. 练习字符串、列表、字典的使用方法；
2. 练习模块化编程的方法；
3. 练习面向对象的编程方法；
4. 掌握 Python 数据库存储数据的方法；
5. 掌握基于 Tkinter 的 GUI 程序设计；
6. 理解网络爬取的方法；
7. 了解基本的人工智能思想；
8. 掌握数据可视化的方法。

能力目标

1. 具有规范编写程序的能力；
2. 具有正确理解程序语句的能力；
3. 具有模块化编程的能力；
4. 具有运用面向对象编程思想解决问题的能力。

素质目标

1. 养成良好的编程习惯，具有规范严谨的工作作风；
2. 具备较高的审美水平，培养文化自信和民族自豪感。

思政点融入

1. ATM 机模拟——通过实现 ATM 机模拟程序，教育学生节俭的中华美德，培养学生合理利用金钱，防止诈骗。

2. 疫情预测——通过案例，讲述疫情中的感人事迹，建立学生勇于奉献、爱国爱党的个人情操。

任务 10.1　ATM 机模拟实战

10.1.1　功能分析

实现一个银行 ATM 机的模拟系统，其功能包括登录、余额查询、存取款等操作，系统需要用到 Tkinter 库和 SQLite 数据库。

Tkinter：Tkinter 是 Python 的标准 GUI 库。Python 使用 Tkinter 可以快速地创建 GUI 应用程序。

SQLite：SQLite，是一款轻型的数据库，是遵守 ACID——原子性（Atomicity）、一致性（Consistency）、隔离性（Isolation）、持久性（Durability）的关系型数据库管理系统。Python 自带 SQLite3 数据库。要用 Python 操作 SQLite，只要导入 SQLite3 后，即可操作 SQLite。

10.1.2 实现过程

（1）考虑到系统功能需求比较多。项目采用模块化的编程思想，不同类分布在不同的模块中，本项目采用 IDLE 进行模块化编程，具体文件组织情况如图 10-1 所示。请先在根目录下创建 ATMSRC 文件夹，然后再创建 data、domain、gui 文件夹。

（2）模块实现。

系统中设计了多个模块，包括 account 模块、customer 模块、overdraftexception 模块、ATMClient 模块等，下面就主要模块的功能进行介绍。

图 10-1 文件组织情况参考图

account 模块：设计 Account 类定义查询余额、存款和取款等基本操作；SavingsAccount 类继承 Account 类，定义储蓄账户；CheckingAccount 类继承 Account 类，定义信用账户，允许在信用额度内透支。

customer 模块：设计 Customer 类处理客户的姓名等账户相关信息。

overdraftexception 模块：设计 OverdraftException 类，当取款金额超出余额时，抛出异常。

ATMClient 模块：设计 Login 类用于定义登录窗口；ATM 类用于接收相关交互操作。

每个模块的代码实现如下：

①init_data. py 模块。在模块中新建 bankDB 数据库，并加载初始数据。具体代码如下：

```python
import sqlite3
conn = sqlite3.connect('bankdb')
curs = conn.cursor()
tblcmd = 'create table if not exists account (card_id char(6),pw char(6),card_type char(1),balance int(8),customer char(30))'
curs.execute(tblcmd)
curs.executemany('insert into account values (?,?,?,?,?)',
[('111111','123456','S',70000,'Zhang san'),
('222222','123456','S',60000,'Wang wu'),
('333333','123456','C',0,'Li si')])
conn.commit()
curs.close()
conn.close()
```

②account. py 模块。该模块主要完成 Account、SavingsAccount 和 CheckingAccount 类，具

体代码如下：

```
import sys
sys.path.append('../domain')#添加路径
from overdraftexception import *
#Account 类定义查询余额、存款和取款基本操作
class Account:
    def __init__(self,ID,initBalance):
        self.balance = initBalance
        self.ID = ID
    def getBalance(self):
        return self.balance;
    def deposit(self,amt):
        self.balance = self.balance + amt
    def withdraw(self,amt):
        result = False
        if amt < = self.balance:
            self.balance = self.balance - amt
        else:
            raise OverdraftException("Insufficient funds",amt - self.balance)
#SavingAccount 类继承 Account 类,定义储蓄账户
class SavingsAccount(Account):
    def __init__(self,ID,initBalance,interestRate =0.05):
        Account.__init__(self,ID,initBalance)
        self.interestRate = interestRate
    def accumulateInterest(self):
        self.balance + = (self.balance * self.interesRate)
#CheckingAccount 继承 Account 类,定义信用账户,允许在信用额度内超支
class CheckingAccount(Account):
    def __init__(self,ID,initBalance,overdraftAmount =5000):
        Account.__init__(self,ID,initBalance)
        self.overdraftAmount = overdraftAmount
    def withdraw(self,amount):
        if self.balance < self.amount:
        #余额不足,检查信用额度
            overdraftNeeded = amount - self.balance
            if self.overdraftAmount < overdraftNeeded:
                raise OverdraftException("Insufficient funds for overdraft pro-
tection",overdraftNeeded)
            else:
                self.balance =0.0
                self.overdraftAmount - = overdraftNeeded
        else:
            self.balance = self.balance - amount
```

③customer. py 模块。该模块主要完成客户的账户信息处理，具体的代码如下：

```
#customer 模块
import sys
```

```python
sys.path.append("../domain")
class Customer:
    def __init__(self,fname,lname):
        self.firstName = fname
        self.lastName = lname
        self.accounts = list()
    def getFirstName(self):
        return self.firstName
    def getLastName(self):
        return self.lastName
    def __str__(self):
        return self.firstName.title() +''+ self.lastName.title()
    def addAccount(self,acct):
        self.accounts.append(acct)
    def getNumOfAccounts(self):
        return self.accounts.size()
    def getAccount(self,account_index):
        return self.accounts[account_index]
```

④overdraftexception. py 模块。主要自定义异常类，当取款超出余额时抛出异常。具体代码如下：

```python
class OverdraftException(Exception):
    def __init__(self,msg,deficit):
        Exception.__init__(msg)
        self.deficit = deficit
    def getDeficit(self):
        return self.deficit
```

⑤ATMClient. py 模块。该模块主要完成的登录窗体和实现的相关交互操作。具体代码如下：

```python
import sys
sys.path.append("../domain")
from account import *
from customer import *
import tkinter as tk
from tkinter.simpledialog import askinteger
def conndb(dbfile):
    import sqlite3
    conn = sqlite3.connect(dbfile)
    curs = conn.cursor()
    return conn,curs
class Login(tk.Toplevel):#弹窗
    def __init__(self):
        super().__init__()
        self.title("登录")
        self.setup_UI()
```

```python
    def setup_UI(self):
        row1 = tk.Frame(self)
        row1.pack(fill = "x")
        tk.Label(row1,text = "账号",width =14).pack(side = tk.LEFT)
        self.card = tk.StringVar()
        tk.Entry (row1, textvariable = self.card, width = 20) .pack ( side =
tk.LEFT)
        row2 = tk.Frame(self)
        row2.pack(fill = "x",ipadx =1,ipady =1)
        tk.Label(row2,text = "密码",width =14).pack(side = tk.LEFT)
        self.pw = tk.IntVar()
        tk.Entry (row2,text =",textvariable = self.pw,show = '*',width = 20)
.pack(side =tk.LEFT)
        row3 = tk.Frame(self)
        row3.pack(fill = "x")
        tk.Button (row3,text = "取消", command = self.cancel).pack ( side =
tk.RIGHT)
        tk.Button(row3,text = "确定",command = self.ok).pack(side = tk.RIGHT)
    def ok(self):
        self.userinfo = [self.card.get(),self.pw.get()]
        self.destroy()
    def cancel(self):
        self.userinfo = None
        self.destroy()

#主窗
class ATM(tk.Tk):
    def __init__(self):
        super().__init__()
        self.title('用户信息')
        #程序参数/数据
        self.card =''
        self.pw =30
        #程序界面
        self.conn,self.curs = conndb('../data/bankdb')
        self.setupUI()
        self.enable_btns('disabled')
        self.setup_config()
    def setupUI(self):
        rows = []
        self.btns = []
        for i in range(6):
            rows.append(tk.Frame(self))
            rows[i].pack(side = tk.TOP)
        btn_txts = ['余额查询','存钱','取钱']
        btn_commands = [self.get_balance,self.deposite,self.withdraw]
        for i in range(3):
            self.btns.append(tk.Button(rows[i],text = btn_txts[i],command =
btn_commands[i],width =12))
```

179

```python
                    self.btns[i].pack(side = tk.LEFT)
                self.statusLabel = tk.Label(rows[3],text ='',width =40)
                self.statusLabel.pack(side = tk.LEFT)
            def enable_btns(self,stat):
                for i in range(3):
                    self.btns[i].config(state = stat)
            def get_balance(self):
                self.curs.execute('select balance from account where card_id =' + str
    (self.account.ID))
                 self.statusLabel.config(text = 'Your account balance is :' + str
    (self.account.getBalance()))
            def deposite(self):
                try:
                    amount = askinteger('Entry','Enter amount to deposite:')
                    if amount:
                        self.account.deposit(amount)
                        altstr ='update account set balance ='+str(self.account.getBal-
    ance()) +'where card_id ='+str(self.account.ID)
                        self.curs.execute(altstr)
                        self.conn.commit()
                        self.statusLabel.config(text = "Your deposit of " +str(amount)
    +" was successful.")
                except:
                    self.statusLabel.config("Deposit amount is not a number!")
            def withdraw(self):
                try:
                    amount = askinteger('Entry','Enter amount to withdraw:')
                    if amount:
                        try:
                            self.account.withdraw(amount)
                            altstr ='update account set balance ='+str(self.account.
    getBalance()) +'where card_id ='+ str(self.account.ID)
                            self.curs.execute(altstr)
                            self.conn.commit()
                            self.statusLabel.config(text = "Your withdraw of " + str(a-
    mount) + " was successful.")
                        except OverdraftException:
                            self.statusLabel.config(text ="Balance is not surfficient!")
                except:
                    self.statusLabel.config("Deposit amount is not a number!")
            def setup_config(self):
                info = self.ask_userinfo()
                self.card,self.pw = info
                if self.card and self.pw:
                    print('select * from account where card_id ='+ str(self.card) +'and
    pw ='+ str(self.pw))
                    self.curs.execute('select * from account where card_id ='+ str
    (self.card) +'and pw ='+ str(self.pw))
                    rec = self.curs.fetchone()
```

```
        if rec:
            firstname,lastname = rec[4].split('')
            self.customer = Customer(firstname,lastname)
            card_id,balance = rec[0],rec[3]
            if rec[2] == 'S':
                self.account = SavingsAccount(card_id,balance)
            elif rec[2] == 'C':
                self.account = CheckingAccount(card_id,balance)
            else:
                self.statusLabel.config(text ='Illegal account! ')
            self.statusLabel.config(text ='welcome! '+str(self.customer))
            self.enable_btns('normal')
        else:
             self.statusLabel.config(text ='Incorrect card or password,in-
put again! ')
            self.setup_config()
    else:
        self.statusLabel.config(text ='Please input card and password! ')
        self.setup_config()
#弹窗
    def ask_userinfo(self):
        inputDialog = Login()
        self.wait_window(inputDialog)
        return inputDialog.userinfo
if __name__ == '__main__':
    app = ATM()
    app.mainloop()
```

10.1.3　运行结果

系统运行界面如图 10 – 2 ~ 图 10 – 5 所示。

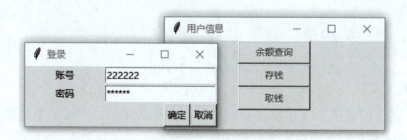

图 10 – 2　系统登录界面

图 10-3　余额查询界面

图 10-4　存款操作界面

图 10-5　取款操作界面

任务 10.2　二手房数据爬取与可视化实战

10.2.1　功能分析

微课视频

随着越来越多的城市二手住房成交量超越新房，诸多一、二线城市迎来"存量"住宅交易时代，承接绝大多数购房需求释放。另外，自 2022 年上半年以来，新房供应持续短缺也给二手住房交易不断"复苏"创造空间，更多购房需求主动"转移"至存量市场。数据表现为 2023 年以来重点城市挂牌量的持续小幅减少，二手房住宅成交量的触底回升，以及重点城市如广州、重庆、武汉等，一、二手房住宅价格持续"倒挂"，都预示二手房市场正以卖方为主导。

该项目首先从链家网上爬取西安二手房数据，然后对获得的数据进行清洗，最终对有效数据进行了可视化。

10.2.2　实现过程

1. 数据采集

该部分通过网络爬虫程序抓取链家网上所有西安二手房的数据，收集原始数据，作为整个数据分析的基石。通过导入 requests 库、pandas 库获取数据，通过 url 到指定的网站进行数据爬取，设置了 id、小区名（xiaoquming）、价格（jiage）、地区（diqu）、房屋户型（fangwuhuxing）、所在楼层（suozailouceng）、建筑面积（jianzhumianji）、户型结构（huxingjiegou）、建筑类型（jianzhuleixing）、房屋朝向（fangwuchaoxiang）、建成年代（jianchengniandai）、装修情况（zhuangxiuqingkuang）、建筑结构（jianzhujiegou）、供暖方式（gongnuanfangshi）、单价（danjia）15 个字段，最后通过 save_data( ) 将爬取的数据进行保存。

具体代码：

```python
import requests,time,csv
import pandas as pd
from lxml import etree

#获取每一页的url
def Get_url(url):
    all_url = []
    for i in range(1,101):
        all_url.append(url +'pg'+ str(i) +'/')#存储每一个页面的url
    return all_url

#获取每套房详情信息的url
def Get_house_url(all_url,headers):
    num = 0
    #简单统计页数
    for i in all_url:
        r = requests.get(i,headers = headers)
        html = etree.HTML(r.text)
        url_ls = html.xpath("//ul[@ class ='sellListContent']/li/a/@ href")#获取房子的url
        Analysis_html(url_ls,headers)
        time.sleep(4)
        print("第% s页爬完了"% i)
        num + = 1

#获取每套房的详情信息
def Analysis_html(url_ls,headers):
    for i in url_ls:#num记录爬取成功的索引值
        r = requests.get(i,headers = headers)
        html = etree.HTML(r.text)
        name = (html.xpath("//div[@ class ='communityName']/a/text()"))[0].split()#获取房名
        money =html.xpath("//span[@ class ='total']/text()" )#获取价格
        area =html.xpath("//span[@ class ='info']/a[1]/text()")  #获取地区
        data =html.xpath("//div[@ class ='content']/ul/li/text()")#获取房子基本属性
```

```
        Save_data(name,money,area,data)

#把爬取的信息存入文件
def Save_data(name,money,area,data):
    result =[name[0]]+money+[area]+data #把详细信息合为一个列表
    with open(r'raw_data.csv','a',encoding='utf_8_sig',newline=')as f:
        wt=csv.writer(f)
        wt.writerow(result)
        print('已写入')
        f.close()

if __name__=='__main__':    url='https://xa.lianjia.com/ershoufang/'
    headers={
        "Upgrade-Insecure-Requests":"1",
        "User-Agent":"Mozilla/5.0(Windows NT 10.0;Win64;x64)AppleWebKit/
537.36(KHTML,like Gecko)Chrome"
                    "/72.0.3626.121 Safari/537.36"
    }
    all_url=Get_url(url)
    with open(r'raw_data.csv','a',encoding='utf_8_sig',newline=')as f:
        #首先加入表格头
        table_label=['小区名','价格/万','地区','房屋户型','所在楼层','建筑面积','户型结构','套内
面积','建筑类型','房屋朝向','建筑结构','装修情况','梯户比例','供暖方式','配备电梯']
        wt=csv.writer(f)
        wt.writerow(table_label)
        f.close()
    Get_house_url(all_url,headers)
```

2. 数据清洗

对于爬虫程序采集得到的数据并不能直接分析，需要先去掉一些"脏"数据，修正一些错误数据，统一所有数据字段的格式，将这些零散的数据规整成统一的结构化数据。

主要需要清洗的数据部分如下：

（1）将杂乱的记录的数据项对齐。

（2）清洗一些数据项格式。

（3）缺失值处理。

注意：在清洗数据前，需要手动将 Home Page 文件下的 raw_data.csv 保存为 raw_data.xlsx 文件。

数据清洗的具体代码：

```
# 从保存的文本中获取数据
def get_data():
    raw_data=pd.DataFrame(pd.read_excel('raw_data.xlsx'))
    print("数据清洗前共有%s条数据" % raw_data.size)
    clean_data(raw_data)
```

```python
# 数据清洗
def clean_data(data):
    data = data.dropna(axis =1,how ='all')   # 删除全是空行列
    # data.index = data['小区名']
    # del data['小区名']

    #查看表格数据,一共有23677 条数据
    print(data.describe())

    #查看是否缺失
    print(data.isnull().sum())

    # 删除重复数据
    data = data.drop_duplicates(subset =None,keep ='first',inplace =None)
    # 删除"暂无数据"大于一半数据的列
    if ((data['套内面积'].isin(['暂无数据'])).sum()) > (len(data.index))/2:
        del data['套内面积']

    # 把建筑面积列的单位去掉并转换成 float 类型
    data['建筑面积'] = data['建筑面积'].apply(lambda x:float(x.replace('㎡','')))

    # 提取地区
    data['地区'] = data['地区'].apply(lambda x:x[2:-2])
    # 计算单价
    data['单价'] = round(data['价格/万'] * 10000 /data['建筑面积'],2)
    data.to_excel('pure_data.xlsx',encoding ='utf -8')
if __name__ = ='__main__':
    get_data()
```

3. 数据可视化分析

在数据清洗完成后, 就可以开始对数据进行可视化分析了。该阶段主要是对数据做探索性分析, 并将结果可视化呈现, 更好、更直观地认识数据, 把隐藏在大量数据背后的信息集中和提炼出来。主要对二手房房源的总价、单价、面积、户型、地区等属性进行了分析。

数据可视化的代码如下:

```python
import pandas as pd
from pyecharts.charts import Map
from pyecharts import options as opts

if __name__ = ='__main__':
    #统计各城区二手房数量
    df = pd.read_excel(r'pure_data.xlsx')
    g = df.groupby('地区')
    df_region = g['小区名'].count()
    region = df_region.index.tolist()
    list_region =[]
    for row in region:
```

```
            list_region.append(row +'区')
        count = df_region.values.tolist()
        print(df_region)
        map = (
            Map()
                .add(series_name ='西安市',data_pair =[list(z)for z in zip(list_re-
gion,count)],maptype ='西安')
                .set_global_opts(
                title_opts = opts.TitleOpts(title ='西安市二手房各区数量分布'),
                visualmap_opts = opts.VisualMapOpts(is_show = True,min_=0,max_=1200)
            )
        )
        map.render('地图 - 二手房数量分布地图 .html')
    import pandas as pd
    from pyecharts.charts import Bar
    from pyecharts.charts import Line
    from pyecharts.charts import Grid
    from pyecharts import options as opts

    if __name__ = ='__main__':
        df = pd.read_excel(r'pure_data.xlsx')
        # 可视化展示 - 西安二手房数量 - 平均价格柱状图
        g = df.groupby('地区')
        df_region = g['小区名'].count()
        region = df_region.index.tolist()
        list_region = []
        for row in region:
            list_region.append(row +'区')
        count = df_region.values.tolist()
        print(df_region)
        mean = g.mean()
        price = round(mean['价格/万'],2)
        mean_price = price.values.tolist()
        print(mean_price)

        # 实例化一个柱形图对象
        bar = (Bar().add_xaxis(xaxis_data = region))
        bar.add_yaxis(series_name ='数量',y_axis = count)
        bar.extend_axis(yaxis = opts.AxisOpts(name ='价格(万元)',max_ = 1200,min_ =
200,interval =100))
        bar.set_global_opts(title_opts = opts.TitleOpts(title ='各城区二手房数量 - 平
均价格柱状图'),
                        yaxis_opts = opts.AxisOpts(name ='数量',max_=3000,min_=0),
                            tooltip_opts = opts.TooltipOpts(trigger ='axis',axis_
pointer_type ='cross'),
                        xaxis_opts = opts.AxisOpts (axispointer_opts = opts.Axis-
PointerOpts(is_show = True,type_ ='shadow')),)
        # 实例化一个折线图
        line = (Line().add_xaxis(xaxis_data = region))
```

```
line.add_yaxis(series_name ='价格',y_axis = mean_price,yaxis_index =1)

# 组合图
bar.overlap(line)
grid = Grid()
grid.add(bar,grid_opts = opts.GridOpts(),is_control_axis_index = True)
grid.render('二手房数量－平均价格柱状图.html')
```

10.2.3　运行结果

程序运行后，生成二手房数量分布地图，在 Home Page 中可以找到地图－二手房数量分布地图.html 和二手房数量－平均价格柱状图.html，打开可看到如图 10 - 6 与图 10 - 7 所示的分布图。

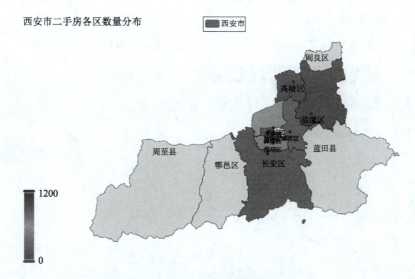

图 10 - 6　二手房数量分布地图

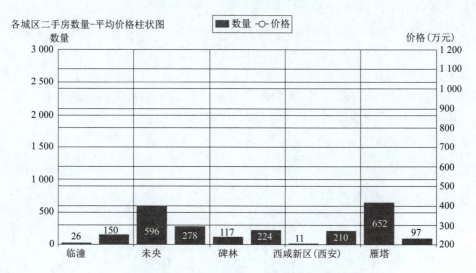

图 10 - 7　二手房数量－平均价格柱状图

任务 10.3 基于 LSTM 的疫情预测实战

10.3.1 功能分析

疫情给人们的生活、工作带来了影响，虽然防疫工作已经呈现开放的政策，但远未结束，通过对 COVID – 19. csv 中的数据的分析并提取特征，采用循环神经网络中的 LSTM（长短时记忆网络模型）对疫情进行预测，预测后期的疫情的死亡人数趋势。

10.3.2 实现过程

本项目需要安装 paddlepaddle（百度飞桨）第三方库，安装方法如下：

（1）首先在百度飞桨官网选择安装方式，百度飞桨官网地址为 https://www.paddlepaddle. org. cn/。

（2）选择飞桨版本、操作系统、安装方式、计算平台，如图 10 – 8 所示。

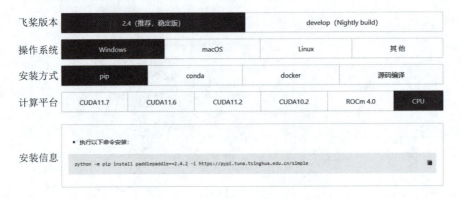

图 10 – 8 百度飞桨安装信息图示

（3）将安装信息复制到 Anaconda Prompt 中，具体如下：

```
■ Anaconda Prompt (Anaconda3)

(base) C:\Users\hq774>python -m pip install paddlepaddle==2.4.2 -i https://pypi.tuna.tsinghua.edu.cn/simple
```

（4）等待安装完成。

本项目还需要载入疫情数据集 COVID – 19. csv，可在本书提供的资源包中找到。将数据集文件上传到 Home 目录中即可。以下是该项目的具体代码：

①导入需要的依赖包。

```
import numpy as np
import matplotlib.pyplot as plt
import paddle
plt.style.use('fivethirtyeight')
import pandas as pd
import os
#paddle.set_device('gpu') #如果主机有GPU,可选择使用
```

②定义画图的函数。

```
# 用于画图的函数
def plot_predictions(test,predicted):
    # test 是测试集本来的值
    # predicted 是预测出来的值
    plt.plot(test,color ='red',label ='Real')
    plt.plot(predicted,color ='blue',label ='Predicted')
    plt.title('COVID -19')
    plt.xlabel('Time')
    plt.ylabel('new_deaths')
    # 将图例加入其中
    plt.legend()
plt.show()
```

③读入数据。

```
dataset = pd.read_csv('world.csv',index_col ='date',parse_dates =['date'])
dataset.head()
```

④读取训练集与测试集数据，并求训练集的最大值、最小值及极差。

```
training_set = dataset['new_deaths'][ : -150].values
test_set = dataset['new_deaths'][ -150:].values
train_set_min = training_set.min()  # 最大值
train_set_max = training_set.max()  # 最小值
train_set_range = train_set_max - train_set_min  # 极差
```

⑤数据归一化处理。

```
# 定义归一化的函数
def my_MinMaxScaler(data_set):
    return (data_set - train_set_min)/(train_set_range)

# 定义反归一化的函数
# a_num 可以是一个数字,也可以是一个 np.array
def reverse_min_max_scaler(a_num):
    return a_num * train_set_range + train_set_min
# 将数据归一化
normalized_train_set = my_MinMaxScaler(training_set)
normalized_test_set = my_MinMaxScaler(test_set)
# 将归一化之后的训练集的数据格式改变为 float32
normalized_train_set = normalized_train_set.astype('float32')
```

⑥装载数据集。

```
# 创建继承自 paddle.io.Dataset 的自定义的数据集
class MyDataset(paddle.io.Dataset):
```

```
    """
    步骤一:继承 paddle.io.Dataset 类
    """
    def __init__(self,normalized_train_set):
        """
        步骤二:实现构造函数
        """
        super(MyDataset,self).__init__()
        self.train_set_data_X =[]
        self.train_set_data_Y =[]
        self.transform(normalized_train_set)
    def transform(self,data):
        for i in range(60,len(data)):
            self.train_set_data_X.append(np.array(data[i-60:i].reshape(-1,1)))
            self.train_set_data_Y.append(np.array(data[i]))
    def __getitem__(self,index):
        """
        步骤三:实现__getitem__方法,定义指定 index 时如何获取数据,并返回单条数据(训练数据)
        """
        data = self.train_set_data_X[index]
        label = self.train_set_data_Y[index]
        return data,label
    def __len__(self):
        """
        步骤四:实现__len__方法,返回数据集总数目
        """
        return len(self.train_set_data_X)
# 实例化数据集
data_set = MyDataset(normalized_train_set)
# 定义 train_loader
train_loader = paddle.io.DataLoader(data_set,batch_size =60,shuffle =False)
```

⑦定义网络模型。

```
# 定义网络结构
class StockNet(paddle.nn.Layer):
    def __init__(self):
        super(StockNet,self).__init__()
        self.lstm =paddle.nn.LSTM(input_size =1,
                                  hidden_size =50,
                                  num_layers =4,
                                  dropout =0.2,
                                  time_major =False)   #要求输入的形状是[batch_size,
time_steps,input_size]
        self.fc =paddle.nn.Linear(in_features =50,out_features =1)

    def forward(self,inputs):
        outputs,final_states = self.lstm(inputs)   #使用最后一层的最后一个 step 的
输出作为线性层的输入
```

```
        y = self.fc(final_states[0][3])  # 输入:形状为 [batch_size, *, in_fea-
tures] 的多维 Tensor
        return y
```

⑧设置优化器和损失函数。

```
model = StockNet()
optim = paddle.optimizer.RMSProp(parameters = model.parameters(),learning_rate
=0.01)
    # 设置损失函数
    loss_fn = paddle.nn.MSELoss()
```

⑨训练模型。

```
# 设置迭代次数
epochs = 200
for epoch in range(epochs):
    for batch_id,data in enumerate(train_loader()):
        x_data = data[0]  # 训练数据
        y_data = data[1]  # 训练数据标签
        predicts = model(x_data)  # 预测结果
        # 计算损失,等价于 prepare 中的 loss 设置
        loss = loss_fn(predicts,y_data.reshape((-1,1)))
        # 反向传播
        loss.backward()
        print("epoch:{},loss is:{}".format(epoch,loss.numpy()))
        # 更新参数
        optim.step()
        #梯度清零
        optim.clear_grad()
```

⑩测试模型并可视化。

```
# 准备要预测的数据
tmp_input = np.hstack((normalized_train_set[-60:],normalized_test_set))
tmp_input = tmp_input.astype('float32')
test_data = MyDataset(tmp_input)
test_loader = paddle.io.DataLoader(test_data,batch_size = len(test_data),drop
_last = False)
model.train()
result = None
for batch_id,data in enumerate(test_loader()):
    x_data = data[0]
    predicts = model(x_data)
result = predicts.reshape((-1,))
plot_predictions(test_set,reverse_min_max_scaler(result.detach().numpy()))
```

10.3.2 运行结果

运行系统在训练模型阶段显示迭代次数与损失率，损失率越低，说明得到的模型越好，具体的训练迭代结果如图10-9所示。

```
epoch: 198, loss is: [0.00000129]
epoch: 198, loss is: [0.0025456]
epoch: 198, loss is: [0.00366986]
epoch: 198, loss is: [0.00648915]
epoch: 198, loss is: [0.02191275]
epoch: 198, loss is: [0.02981833]
epoch: 198, loss is: [0.03308712]
epoch: 198, loss is: [0.01071746]
epoch: 198, loss is: [0.00671137]
epoch: 198, loss is: [0.00764569]
epoch: 199, loss is: [0.00687415]
epoch: 199, loss is: [0.0025941]
epoch: 199, loss is: [0.00362223]
epoch: 199, loss is: [0.00583775]
epoch: 199, loss is: [0.02254187]
epoch: 199, loss is: [0.02320322]
epoch: 199, loss is: [0.01281201]
epoch: 199, loss is: [0.00605442]
epoch: 199, loss is: [0.00773338]
epoch: 199, loss is: [0.01040479]
```

图 10-9 训练迭代的结果

最终，对预测结果进行了可视化，具体的可视化结果如图10-10所示。

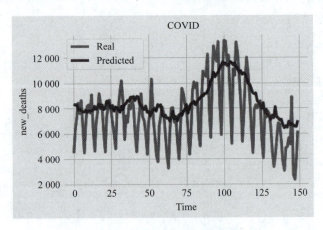

图 10-10 预测结果可视化

学习效果评价

序号	评价内容	个人自评	同学互评	教师评价
1	能够完成 ATM 机模拟程序			
2	能够完成二手房数据爬取及可视化程序			
3	能够完成基于 LSTM 的疫情预测程序			
4	能够理解程序的含义			
5	工匠精神：熟悉编程规范、代码命名规范，有详细、规范的注释			
6	举一反三：能根据所学的知识解决实际问题			
7	团队合作：与组员分工合作，解决所遇问题			
8	创新精神：不拘泥于固定思维，编程有创新			
评价标准				
A：能够独立完成技能测试，熟练掌握，灵活运用，有创新				
B：能够独立完成				
C：不能够独立完成，需在提示、帮助或指导下完成				
项目综合评价：>5 个 A，认定为优秀；4~5 个 A，认定为良好；<4 个 A，认定为及格